\有錢人的家都這樣整理！/

帶來好運的家

幫超過10,000人重整生活的空間規劃術，
當家成為喜歡的樣子，人生就會是理想的樣子

잘되는 집들의 비밀

부와 운을 부르는 공간과 삶에 관한 이야기

鄭熙淑◎著　王品涵◎譯

序◆

整理，是重新認識自己

「整理，真的有必要嗎？」

這是我成為整理專家以來，被問過無數次的問題。難道整理真的是一輩子的課題嗎？回答這個問題前，先讓我們聽聽關於雅蘭（化名）的故事。

家裡的樣子，是反射你心情的鏡子

年近四十的雅蘭，正準備邁入第五年的婚姻生活。搬進新落成的公寓大約一年左右，夫妻倆的生活只有彼此，沒有小孩。我在約定好的時間上門拜訪，一打開門，一股酸味就迎面而來，好像是從下水道傳來的。

「新公寓怎麼會有這種味道，該不會房子有問題吧？」

嗅著這股令人不悅的氣味，我不自覺地皺起眉頭。從玄關通過短短的走廊前往客廳的途中，完全看不見任何常見的除臭香氛。當穿過客廳抵達廚房的那一刻，我終於明白那股味道從何而來。廚房的流理台裡，擺著堆積如山的髒碗盤；餐桌上，有幾塊吃剩的炸雞，隨餐附贈的醃蘿蔔已經乾掉、還黏在外送紙盒上。我們互相寒暄了幾句後，決定開始參觀這間房子。於是，我打開冰箱門，但很快就關上，雖然只是一瞬間，但眼前的景象比流理台的碗盤還糟糕。連一直沒有太多表情的雅蘭，也在當下稍微顯露出不好意思的神情。

「看來確實需要整理一下了……您真的沒問題嗎？」

「再不整理的話，可能沒辦法繼續在這裡生活下去了。」

比起整理房子，看起來似乎得先整理一下思緒。也許有人會認為「只要付錢交給專業的人去整理就好」，但整理的主導權，終究還是掌握在住在那間房子裡的人手上。萬一主人不願意決定哪些物品該斷捨離、哪些物品該留下，以及哪些空間需要改頭換面，根本沒辦法整理。

偶爾也有人以為所謂的「整理」，還包括洗碗這類的打掃工作。就像搬家公司的人不會替客戶洗碗、洗衣服一樣，整理諮商服務也不會代替客戶處理家務。雖然偶爾有人誤以為整理諮商等於協助家務的家務助理，但我會事先把規則說清楚。

有時確實會發生無法避免的情況，所以從一開始就把服務範圍說明清楚也相當重要。即使我們會在簽約後才開始提供服務，不過要是我沒有事先畫好界線，就會很容易使員工們陷入兩難的局面，因此，即使是再瑣碎的事也不能馬馬虎虎帶過。

「是說……碗盤怎麼堆得這麼多啊？」

「因為我們還沒找到家務助理。」

「當天可不能就這樣堆著喔，麻煩一定要先把碗洗好。」

「好。只是……老公不做的話，我也……」

雅蘭欲言又止。想必是只要丈夫不做，她也不做。我靜靜凝視這一幕，不禁想著「明明住在這麼好的房子，為什麼要過這樣的生活？」內心實在覺得可惜。

從事這份工作後，我有時會覺得整理諮商就像心理諮商一樣。或許是因為客戶經常向我展示像是冰箱、衣櫃等私密空間，並且傾述自己的期望，偶爾甚至會遇到一些客戶表示「我沒想到自己會說出這些事」，藉此卸下心裡的負擔。

雅蘭家中堆積如山的地方，可不只流理台。一打開衣櫃，衣服隨即像潰堤的洪水般傾瀉而下，幾乎沒有衣服掛在吊衣桿上。其實，只要把衣服掛在衣架上，就能大幅減輕整理的工作，但卻只是堆疊成山。襪子與內衣褲在抽屜裡纏成一團，床上也有混在棉被裡的衣物。所謂的更衣間，根本連一隻腳踏進去的空間都沒有。我真的發自內心地好奇，這家人究竟怎麼換衣服？在哪裡睡覺？其他房間也是如此。只有一對夫妻生活的四十坪房子，照理說應該不缺空間才對，卻在沒人願意關心的情況下被棄之不顧。

凌亂骯髒的家，代替主人發出求救訊號

即便無從得知雅蘭與她的丈夫過著什麼樣的生活，但我倒是可以經由房子察覺到，兩人現在的關係絕對稱不上是「感情好」。明明是自己的家，卻完全感覺不出雅蘭待在這個空間時的自在感。就算是坐在沙發上，也會抬起雙腳，蜷縮著雙膝，盡量只用到最少的空間，彷彿不想侵占這個空間般。看起來實在太孤獨與淒涼、寂寞了。

就在我們分享各種關於家、關於改變空間的各種話題之際，雅蘭才終於小心翼翼地提起自己的故事。她表示，自己對婚姻存在很強烈的期待，但實際生活在一起後，才發覺兩人對每件事都意見相左。

她很希望丈夫能多花點時間與自己相處，但對方卻得經常出差，而且還是一個相當需要獨處時間的人。婚後辭去工作的她，甚至也開始後悔「早知道就繼續

工作了」。然而，重新踏入職場後，雅蘭又因自己職涯中斷過而感到焦慮。後來，因為偶然在電視上見到整理前、後變得截然不同的房子，她覺得人們看到房子改頭換面後的神情有「奇蹟般的變化」。

雅蘭說，自己在現在的家並不快樂。只要住在像樣品屋一樣的房子，就會變得快樂嗎？是不是要一直借用別人的手，才有辦法打造出這樣的房子呢？對於不想學習整理方法的人，我也不會苦口婆心地強迫他們學習。不過，我會鼓勵大家試著享受好好整理過的空間、井然有序的環境帶來的無數優點。

環顧雅蘭的家，我似乎也猜到她的內心想法，儘管沒有實際聽到心聲，我卻能聽見房子替她發聲，迫切地吶喊著：「我好孤單、好痛苦……。」

結果，在完成居家整理後，雅蘭也主動積極地接受心理諮商。曾經整整一星期都不外出的她，現在已經可以每天出門一次，慢慢散步之後再回家。究竟是哪個地方改變了？雖然無法得知確切的原因，但我很開心、也很感謝她對我說的這番話。

「從外面回家的時候，我能感覺這個房子在迎接我。幸好當初決定好好整理一番。」

整理過的空間，會對心理帶來正向改變

雅蘭並不是第一個因為整理了自己生活的空間，而在心理和情感上出現變化的人。許多上門委託我的人，都抱著各自的期待，等到整理完畢後，往往也都能如預期般滿意。即使每個人的期待都不盡相同，其中卻都存在一個共通點，說來也神奇，那就是「整理能帶來生活上的改變」。

難道是只要我經手整理的房子，都能創造出堪稱「百分百完美」的奇蹟嗎？我並不這麼認為。或許是來自「空間」的外在變化，激發生活在那個地方的人內在的變化吧？既然如此，空間整理這件事又為什麼會對人的心理帶來如此強烈的影響呢？

我們生活在經過好好整理的和諧空間愈久，愈能感受到內心的安穩與平靜；同時，亦能減少內心的雜音，提升專注力與創造力。當每項物品都找到屬於自己的位置時，產生的心理變化既會自然地對我們的生活發揮正面影響，也有助於紓緩日常的壓力與焦慮。

此外，還可以藉由整理的過程自我省思。我們擁有的每項物品都在反映一個

人的喜好與價值觀，蘊藏著關於「我」的故事。**在眾多的物品中，愈是意識哪些更重要、更需要，才愈能整理出不必要之物。**換言之，當我們懂得愛惜真正重要的事物，才能活出有意義的生活。

唯有在物歸其位時，我們才有辦法生活在更和諧的空間裡。這份和諧，也會對我們的內在產生影響，因此，不妨將整理視為一種療癒心靈的過程。無論是與珍藏著回憶的物品道別，或是向不再需要的物品宣告斷捨離，這個過程或許會使人痛苦與悲傷，然而，真正放手之後，頓時變得輕鬆的心情也會迎來全新的開始。

人與周圍環境存在著互動的關係，所以我們選擇的空間也會對我們造成影響。在經過好好整理的空間裡，我們會變得自在、願意探索嶄新的可能性，並創造更有意義的生活。透過整理，我們可以更加深刻地理解自己，在人生這趟旅程上，朝著更有意義的方向邁進。

整理需要的不是高難度的技巧，而是對空間的關心。處理空間的同時，也必須考慮時間的問題，在思考空間與時間的過程中，一定會遇到關於生活的課題，**因為整理的最終目的就是為了「生活」**。雖然整理也包含技術層面，但我認為，對於生活的態度才是關鍵所在。這並不是因為我是整理專家才這麼說，而是接受過整理諮商的人共同的感想。

本書是我成為整理專家超過十年以來，在替五千多間房子進行整理的過程中，為了解開累積在我內心深處的問題而產生的思考歷程。有些人可能跟我持不同的意見，有些人可能認同我的觀點，如果我們有一樣的想法，那就太好了，即使想法不同，也希望大家能將此視為從不同視角看待事物的機會。希望「整理」猶如清新空氣般為各位的生活帶來新氣象，像燦爛的陽光照亮各位的生活。

〈聰明整理〉　鄭熙淑

目錄 *contents*

第二章 ◆ 致想要過更好生活的你

第三章 ◆ 讓家裡空間變成兩倍大的整理術

第四章 人創造空間，空間塑造人

第一章

空間，就是你的樣子

01

空間告訴我們的事

在家度過時間的意義

你試過一大早起床後，靜靜凝視自己生活的空間嗎？你試過用充滿愛意的目光環顧四周，並用溫暖的雙手輕撫著，對自己睡覺、吃飯、盥洗、休息的空間表達感激之情嗎？

如果你對生活空間的氛圍感到滿意，每天早上都能以愉悅的心情開始新的一天，那麼你一定是非常愛自己生活空間的人，同時也是被生活空間深愛的人。你或許可以理解我們有多愛自己的生活空間，但無法理解生活空間是怎麼愛我們的。請你要相信，我們有多麼愛空間，空間就會多麼愛我們，而且還是非常、非常真心的！因為，空間是有生命的。

也許有人會認為「空間有生命？」這聽起來也太像什麼暑期強檔恐怖片了吧？然而，這正是我在這本書中想要談的。人類是擁有軀體的存在，而軀體需要空間。因此，為自己準備一個安置軀體的空間，是必要的，而不是選擇；因此，人類從很久以前就養成了對置身空間的眷戀。

家中整潔有序的人，通常都很懂得照顧自己

在短短的一天之中，我們會停留在不同的空間。這個空間可以是家、房間，或是任何咖啡廳的桌子前、圖書館的椅子上。有時，我會刻意離開日常所處的空間，前往尋找特別的地方。

身處在像是雅致的美術館、歷史悠久的教會或教堂、壯觀的博物館等空間，我會感受到無法言喻的神祕感與真實的美好。不只侷限於室內，在海裡游泳時、

搭飛機穿越天際時、在公園散步時，或是佇立於瀑布與沙漠、湖邊等大自然之中時，我們也總能在有意無意間感受並享受當下所處的空間。

當一個人待在好的空間時，會變得精神抖擻，內心也會感到安穩。隨著我們在生活空間停留的時間愈長，人往往也會和那個空間變得愈來愈像吧？借用「人創造書，書塑造人」這句話，我們也可以說人創造空間，而空間塑造人。假如人會受到不同空間帶來的影響，那麼愈珍惜、愈無微不至地打理我們長時間所處的空間，就是對自己與自己所愛的重視。

在我們的日常生活中，哪裡是待得最久，同時也最重視的空間呢？答案是「家」。作為整理專家，我造訪過無數個家，有的家和睦融洽、有的家雞犬不寧、有的家沉浸在悲痛之中、有的家正迎接新希望的誕生。換句話說，每個人對於「家」的概念都是獨一無二的。

我們常常說的「他們家啊……」，指的往往不止是物質上的「房屋」，所謂的「家」，既是指稱建築型態的房屋（house），也是住所的家（home），更是讓人在心理層面感到歸屬感的家庭（family）。無論是多人家庭還是一人家庭，家的意義都是如此多元。

「居家整理」對我來說，是對重要空間的關心，是打理自己與家人的安樂窩，是進一步自我覺察當下心境的過程。因此，我認為整理一個家不單純是在整理雜物，而是在檢視被棄置的空間，拯救瀕死的空間。只不過，依然有不少人把「整理家裡」視為整理物品；雖然整理物品的確也是整理的一環，但並不是「整理」的全貌。事實上，哪怕只是整理一個書桌抽屜、擺放在玄關的鞋子等看似簡單的小舉動，都會為你帶來超乎想像的影響。

光是「整理家裡」，就能帶來各種變化

作為整理專家，我認為「整理」存在著更深層的意義，不只是把衣服摺得漂亮、碗盤疊得整齊，或是在儲藏間的層架上陳列潔白的收納箱，單純地讓整個家看起來美觀就好。因為我見證過無數次空間是如何展示一個人、一個家庭的生

活，甚至心境上的轉變。

從完成簡單的小事，找回自我認同

經過好好整理的空間所帶來的愉悅、舒適，對情緒的影響力不容小覷。當你看到衣櫃裡按照顏色、用途整理好的衣物，鞋櫃裡排列整齊的鞋子，激發的可不只是視覺上的愉悅感。光是可以隨時取得需要的物品，便足以使人產生信心。將適當的物品配置在適合的空間，究竟會對生活帶來哪些影響呢？曾經有位客戶對我說：

「物品減量後，我突然意識到自己掌握了生活的主導權。把家裡好好整理後，我的自尊感也隨之提升。以前真的覺得『不過就是整理嘛，有什麼了不起？』但在實際整理後，我才發覺原來自己是有能力好好完成一件事的人。」

「我是有能力好好完成一件事的人」——體悟到這個事實，並不是因為在整理的過程獲得的新能力，而是重新想起、找回自己原本的樣子。

人之所以有辦法在生活中思考自己當下的需求，是因為我們擁有基本的記憶

好空間會為我們帶來腳踏實地的安定感與信心。

BITEXCO
FINANCIAL
TOWER

能力，例如我們會記得今天上午遇見的人的臉孔，也會想起明天要處理的事。可是，假設連雞毛蒜皮的小事都要花很多時間才能記住的話，結果會是如何？那我們就得把每件事都寫下來才行。然而，因為有記憶力這項驚人的能力，讓我們不必事事記錄。當長期記憶轉化為「認知」後，隨著認知累積得愈多，便成為資訊與知識；如同系統化的記憶能加快回想速度一樣，經過好好整理的家也讓人能隨時取得需要的物品。

整理的效果可不只如此。一個人待在好空間裡，可以感受到更強的能量與自由，帶來腳踏實地的安全感與信心。於是，這些變化開始對人生產生正面影響，不僅提升專注力與創造力，也能激發人達成更多成就。

為什麼明明不需要、卻這麼想要？

從這層意義上來說，整理也是與自己的對話。藉由回味與物品們共度的記憶與情感，思考它們是否仍能反映出我們的價值觀與目標，同時捨棄不必要的物品，讓自己朝更好的方向成長。

每個人都帶著各自的煩惱過日子。有人為了自己喜歡的人喜歡別人而煩惱，有人為了該不該換工作而煩惱，有人為了手上的股票一直跌而煩惱；有些人煩惱該不該把房子出售，有些人煩惱該不該減肥，有些人煩惱究竟該勇敢說不、還是再忍一次就好。說不定也有人認為在千頭萬緒的煩惱中，再加上一個「整理」，只會覺得心更累。

愈是面臨無解的情況、思緒愈複雜、內心愈混亂，就愈該整理一下自己生活的空間。因為在整理的過程中，往往就能得到許多看待事情與關係的領悟。

體重的數字明明在很久之前就變了，為什麼我依然不丟掉二十多歲穿的洋裝呢？就算減重成功，那款洋裝的設計也已經退流行了，為什麼每次搬家時，我依然「請」它務必跟在身邊呢？分明已經有件同款的牛仔褲，卻非得再買一件牛仔褲的原因是什麼？已經有件長得一模一樣的白襯衫和雪紡衫，為什麼每次換季又要再買呢？每次紅色唇膏推出新款時，就馬上衝進店裡或急著狂按滑鼠下單呢？為什麼老是說「這件白襯衫和上次那件白襯衫不一樣」、「這款確實也是紅色的唇膏，但世界上才沒有一模一樣的紅」？

我也是屬於喜歡買衣服的類型，曾經也很享受帶著悸動的心情在商場和百貨公司購物。自從開始上節目後，我發現只要穿過一次的衣服，再穿第二次很容易就有使用痕跡，因此對衣服的需求也變得愈來愈強烈。儘管如此，現在的我反而比以前更少買衣服。

對衣服的需求增加，消費卻減少了。這必須歸功於我開始接觸整理這門學問後，培養了「合理消費」、「聰明消費」的眼光。最重要的原因是，**我能夠分辨眼前的物品究竟是真的「需要」，或是基於內心渴望才萌生不需要的「想要」。**

好進好出，是維持健康的不二法則，絕對不能只是吃或只是排泄，唯有循環順暢，才能保持健康。求學也是如此，光顧著輸入（input）而沒有輸出（output），根本稱不上真正的學會。

而好的整理，不只是丟掉既有的物品，同時也必須思考未來會出現在自己生活空間的是哪些物品。所謂的整理達人，並不是只留一雙鞋、一個碗、一套衣服的人。而是像**知道自己店裡留有多少庫存的老闆，是隨時都清楚自己需要與欠缺什麼的人，也就是「做自己人生主人」的人。**

好的整理，不只是丟掉既有的物品，同時也必須思考，哪些物品將會出現在自己的生活空間。

FIRENZE

02

你現在生活在什麼樣的地方？

停留在五年前的家

「家裡的東西有點多，希望不會嚇到你。」

去年有位客戶對我的服務感到十分滿意，並表示家裡經過整理後，感覺人生也變得煥然一新，所以特地與我聯繫，希望能再次委託整理她妹妹的家。我本來以為客戶家裡東西多，是再平常不過的事，結果當我一打開門，確實被嚇了一跳。東西可不是「有點」多而已……。

我的職業是整理諮商師，既然是專門為家中物品太多的人提供整理諮商服務，自然也不是頭一次見到家裡東西很多的客戶。坦白說，我去過的每個家東西都很多，而且不只是很多，是真的非常多。所以這些家才需要整理，也正是因為實在無法靠一己之力解決，才需要上門諮商。

然而，這次拜訪的家可不是單純地東西很多，我甚至覺得有點奇怪。一對夫妻住在四十坪大的公寓，卻有那麼多東西能把如此寬敞的房子堆得亂七八糟，一股莫名的違和感油然而生。相較之下，廚房的狀況還算好一些，明顯可以看出是出自家務助理之手的痕跡。

這個家的主人，夫妻倆都是大企業的高層，每天忙得焦頭爛額的他們，沒有多餘心力整理家裡也是可以理解的。只是，「東西多得沒辦法整理」和「東西放著不整理」，兩者間存在顯著差異。這個家似乎基於某種原因被棄置了一段時間，而這個原因也許不只是夫妻兩人工作很忙而已。

與這對夫妻中的妻子智賢聊過後，更加肯定了我的推測。整理諮商需要的費用並不是一筆小數目，整理所需的時間，短則一至兩天，長則需要超過一週以上。有時會比搬家需要更大的決心，也會對於帶來變化的期待很高。

「孩子都搬出去了，所以我想恢復夫妻的主臥房。」

「最好可以有更衣間。」

「我需要用來當作工作室的空間。」

一般來說，客戶會在委託時會提出像是物品的斷捨離、購買新櫥櫃、變換家具位置等的想法或要求，但智賢看起來完全沒有任何想法。我有些擔心，猜測著她是不是被姊姊強迫接受這項服務。

「稍微整理一下當然是很好啦，但這也不是非做不可。有些客人是因為受不了身邊的人的提議，才勉強答應。假如有什麼讓您覺得不妥，也麻煩直接告訴我。」

「啊……不是這樣子的，其實我也覺得剛好需要整理了。老實說，或許需要整理的並不是這個家也說不定。」

直到後來，我才從整理的過程中隱約明白這番話的意思。堆積在儲藏間的，幾乎全是製造日期超過五年的食材，除了中筋麵粉、高筋麵粉、糖、鹽等，咖啡與餅乾、泡麵、罐頭也都是如此。說巧合也可能是巧合，但這樣的巧合似乎有點太不尋常了。

食材呈現的是一個家生活的循環，在一家人過著平凡生活的家裡，總是會出現幾樣過期的東西。只不過，並不會讓所有的食物就像約好似的，同時過期這麼久。

這個家的時間，彷彿就這樣停留在五年前。

回憶，以及用來回憶的空間

此外，也有不少東西是完全沒用過就堆在一旁，其中最顯眼的，就是各種做麵包的機器。看起來應該使用過一段時間，但後來被隨手擱置，在沒有維持清潔的狀態下，長滿了黴菌。從目前的情況來看，實在很難想像忙到回家只是為了睡一覺的這對夫妻，也曾有過親手做麵包、餅乾的時光。

其實，決定丟掉與保留哪些東西相當容易，但我知道在這種情況下，著急並不能解決問題。畢竟，有些時候即使下定決心開始整理了，依然需要一些時間。幸好在整理的過程中，心意已決的智賢總能快速地表達意見，把決定好如何整理的空間交由工作人員負責後，我和智賢一起走進書房。

「想幫老公好好整理出一個空間，但這裡啊……實在有點棘手。」

其實放眼望去只有一張書桌、三個擺滿書的書櫃，以及六、七個大小不一的箱子，我反而有些疑惑，為什麼書房會比其他地方更難整理。

儘管書本排放得不算整齊，但也不是太亂，就像我見到堆在儲藏間的那些東西一樣，只覺得已經很久沒人碰過了。稍微瞥了一下書櫃上的書，至少有超過數十本關於自閉症的主題。雖然我有想過夫妻倆是不是有孩子，而且這些書又是與孩子有關，但在家裡卻完全看不見任何孩子的東西。直到此時，我才注意到那些箱子。

「那些箱子裡裝的是什麼？」

「是……孩子的東西。五年前離開了……但我們不知道該怎麼處理……」

她紅了眼眶，沒再繼續說下去，我也沉默了好久。**我頓時明白了，為什麼這個家的所有食品都來自五年前、烘焙機器是為誰準備的、為什麼這個家不得不被擱置……。**

「孩子在五歲那年被診斷罹患自閉症。他是我們等了好久的孩子……當時覺得天好像要塌下來一樣。不過，我們真的很愛他，所以決定無論是什麼方法都要試一試。我和老公真的非常努力，他把所有相關的書都買回家讀，甚至還申請停職。你剛才看到的那些麵包機，也是我們為了和孩子一起做才買的。

只是，孩子在小學開學的那一天發生了意外。算起來，他已經去當天使五年了，我不知道自己是怎麼撐到現在的……。老公和我都只顧著不停工作，因為，如果不讓自己埋頭工作的話，我們大概會發瘋吧！」

夫妻倆從某一刻開始，突然就不再交談了。本來，他們對話的主題超過九成都是關於孩子，像是分享照顧孩子的事、擔心孩子的未來。當孩子有希望可能好轉時，夫妻倆會一起開懷大笑；當孩子可能無法進步時，也會一起為此感到挫折、哭泣。過去以孩子為中心改變家裡的物品，所有話題也都圍繞著孩子。在失去孩子後，兩個人不再一起活動，也不再對話了。在往後的五年裡，夫妻倆在家裡就這樣沉默的生活著。

「我和老公都很累了，但我們就只是活著，也不懂得表達。為了不讓身邊的人擔心，我們都把自己搞得很忙。有天晚上，我看著先入睡的老公，發現他多了好多白髮喔……我心想，他活著還有什麼樂趣呢？但其實我也一樣啊。我整個晚上都睡不著，總覺得我們不可以再繼續這樣過下去了。」

什麼樣的詞彙才足以用來比喻喪子之痛呢？那是「肝腸寸斷」也形容不了的悲痛。同樣身為孩子的母親，就算他們再怎麼調皮搗蛋、不聽話，我都沒辦法想像失去他們的感受。孩子的離世，絕對是超乎想像的痛苦。

當我們失去自己的摯愛時，一起生活過的空間大概也會跟著死去吧？在與孩子一起呼吸、一起烤麵包，每天早上聞著煮熟的米飯氣味，然後嘮叨、發脾氣、道歉，還有伸出雙手緊緊擁抱過那個小小身軀的空間，從此也成為不再活著的空間。他們已經無法承受現在的空間，只能過著被困在過去、日復一日的生活。

從另一種心態來看，這個家並不是被冷漠地棄置，而是因為不忍心讓孩子獨自離去，所以才會為孩子留下曾經存在過的痕跡。這個家，是為這個孩子生活過的空間與時間留下的紀錄與回憶，那些過期食物、發霉麵包機、沒有動過的書，就像夫妻倆盼望孩子只要再多活一天就好的心情，深深觸動了我。

允許自己幸福的練習

我認為，「活在當下」這件事本身就是一種無上的祝福；把「接受當下」作為祝福、好好生活，並不是要求在世的人忘掉已經離開的人活下去（這種話也不可能有人說得出口）。即使死亡將彼此分開，也不會讓曾經深愛過的回憶消失，反而讓人更珍惜那段短暫的時光，讓一切留在回憶裡好久、好久。

曾經說過自己把孩子埋在心裡的智賢，現在會說自己是把孩子放在心裡了。她說，為了孩子想與丈夫多多交談，想要為了一直被籠罩在過去陰影、身心俱疲的丈夫而重新整理書房的智賢，露出了淺淺地微笑。從開始整理前的面無表情，在整理期間的潸然淚下，到整理完成後露出的那抹微笑。

一想到這張臉得經歷多少苦難才換來如此多樣的表情，我的心情既沉重也惋惜。我由衷希望，她能多笑一笑。

整理結束的那天，正好是智賢的丈夫昊中結束出差返家的日子。即便這段期間有透過智賢傳過去的照片見到家裡一點一滴的變化，但親眼看見時，他似乎還是感到十分驚訝。

雖然已經丟了很多東西，但智賢並沒有丟掉那些麵包機，只是將它們安置在玄關前。因為，她覺得丈夫也需要和它們道別。昊中望著充滿與孩子共同回憶的麵包機，眼眶漸紅，久久無法開口。

自從孩子驟然離世後，昊中一直以精神恍惚的狀態活著，但所有孩子喜歡的東西始終都留在原位。無法整理的原因，是因為他覺得孩子依然存在這個空間。每次嘗試整理，內心都會變得更加沉重。

輕撫著麵包機的旲中，終於忍不住淚水。

「我們……把這些東西整理掉……並不代表，是把孩子丟掉啊……」

智賢默默撫摸著丈夫的背。

「孩子也不會希望，我們繼續這樣放著不管……」

旲中點點頭，同意妻子說的話。只是，他的手依然無法乾脆地離開那些麵包機。雖然過了很久，但心裡的傷還是好痛，整理孩子的東西更是一大難事。夫妻倆四目相交，他們望著彼此點了點頭；旲中跪了下來撫摸著麵包機，就像撫摸孩子的頭一樣。

「再見囉，爸爸、媽媽會永遠記得你，也會永遠愛你喔！」

我可以感覺到他的聲音變得輕鬆不少，因為，他相信孩子現在已經去了一個無憂無慮的地方。夫妻倆合力抬起麵包機，踏出家門，每踏出一步，都在重溫著與孩子共度的珍貴回憶，藉此梳理自己的情緒。

家，是生活在這個空間
的人們所寫下的故事。

儘管整理孩子物品的過程是那般悲痛、難受，但我相信這一切都會好起來的。儘管想起孩子時心情依然沉重，但至少已經邁出重新開始的第一步。不久後，夫妻倆緊握彼此的手回到家中。整理至此也差不多告一段落了，原本雜亂無章的東西都找到屬於自己的位置，彷彿糾結的情緒終於被解開，家裡的空氣變得好輕盈。那一刻我有種直覺，「整理」勢必也會改變這對夫妻的關係。

自從離開智賢家後，我便開始學習放下自己每次見到未經整理的空間時，那些像偏見一樣隨之而來的負面情緒。未經整理的空間，不一定就是壞的，它甚至比經過整理的空間更能訴說生活在其中的人的故事。畢竟，空間既是物理的空間，同時也是心理的空間。因此，有時雜亂、被棄置的空間，似乎在問我們是否停留在過去，或是活在當下。

「你現在，活在什麼樣的地方？」

03

你不是不會整理，而是不整理

從什麼時候開始，覺得整理變得好難？

聊起關於「整理」的話題時，大致上會分成兩派——喜歡整理與不太會整理。或許有人會覺得應該分成「喜歡」與「討厭」才對，但出乎意料的是，幾乎沒人討厭整理。主張自己不太會整理的人反而壓倒性地多，而且他們還會補上一句：「我『本來』就不太會整理。」

如果是「本來」的話，指的是「打從一開始」，那就表示有人天生就不擅長整理嗎？如果是這樣的話，是否也有特別擅長整理的「家族」、「世家」呢？雖然沒辦法驗證這件事，但我認為，「整理」比較接近習慣，而不是天賦。換句話說，即使是不擅長整理的人，在學會整理的方法後，也能做到高於標準的成果。

家裡有什麼東西？放在哪裡？

我之所以說「整理」是「學習」的原因十分簡單，因為，我認為世上沒有打從一開始就不會整理的人。試著回想一下，其實你在童年時期就已經學會了「物歸原位」，無論是在幼兒園或國小，這是我們都曾練習過的「生活習慣」，如何愛惜使用的物品、把東西放回原位。當時的我們，個個都是「小小整理王」，既然如此，整理究竟從何時開始變得這麼難？

整理變難的時間點，其實很明顯——那就是物品過多，超出可掌控的空間範圍時。簡單來說，就是無法正確的掌握物品的數量與位置。

「你知道家裡確切有幾個杯子、幾件牛仔褲、幾雙鞋、幾本書、幾個包包嗎？」聽到這個問題後，多數人都會吃驚地回答：

我們所擁有的東西唯有在適當的時候發揮作用，才會散發耀眼光芒。

「誰知道啊？知道的人才更奇怪吧？」

既然如此，換個方式再問一次。

「你知道自己帳戶餘額多少嗎？」

面對這個問題，通常會出現的答案會更準確。雖然不至於準確到個位數，但腦海浮現的金額與實際金額往往差距不大。最後，再問一題。

「你家有幾個人住在一起？」

這個問題一定可以零誤差地答出準確的答案，有些人甚至連寵物有幾隻也能快速地回覆。為什麼有些東西能明確掌握數量，有些東西卻不太清楚呢？是因為數量多寡的關係嗎？可是，有時我們甚至連某個國家、城市的人口數都記得一清二楚，結果竟然不知道自己家裡的物品數量；明明就對太陽系的行星數目瞭若指掌，卻搞不清楚自己家裡的冰箱剩幾顆雞蛋。這一切真的是理所當然的嗎？

我發現那些說自己「本來」就不太會整理的人，基本上都有幾個共通點。請參考下列清單，來看看與自己相符的有幾個吧！

- 家裡到處都有銅板
- 有很多標籤還沒拆掉的衣服
- 至少有一個故障的電燈
- 死掉的盆栽被擱置在家中某處
- 衣服堆在沙發或餐桌椅等處，而不是收在衣櫃
- 搜集一次性用品，像是免洗筷等
- 聽過家人嘮叨「把你的房間整理一下！」
- 有許多因為「回憶」而絕對不能丟的東西
- 留著「等減肥成功就可以穿」的衣服
- 用餐後會先把餐具擱著，而不是馬上洗碗
- 有「我真的很忙，沒有時間和力氣整理」的想法
- 認為自己「我只要下定決心，隨時都可以整理」

如何？如果因為上面的清單，讓你開始正視自己的整理習慣，不妨先思考一

下何謂「整理」。我們很難用一句話定義「什麼是整理」，但可以很容易說明「什麼不是整理」。

整理，不是把東西排整齊而已

首先，只是把東西從這裡移到那裡，並不是整理。把原本放在廚房的鍋子收進抽屜櫃，然後再移到儲藏間，可以算是一種整理嗎？或許能視為暫時的整理，但不是整理的真正意義。

真正的整理，是讓東西待在它該在的空間，換句話說，就是替它找回原位。愈多東西歸回原位，愈能與其他物品和平共處，如此一來，自然就會明白何謂空間的協調感。

只要東西找到了屬於自己的位置，它們會就在那裡快樂地發揮自己的最大用處。唯有在適當的時候得到正確使用，我們所擁有的東西才會散發耀眼光芒。萬一走進廁所卻沒有衛生紙，那麼在某處擁有的幾百萬包衛生紙又有什麼用呢？萬一連套適合穿出去約會的衣服都沒有，那麼在衣櫃裡的無數衣服又有什麼用呢？

如果想讓所有東西都能把自己的用處發揮得淋漓盡致，需要的不僅是保持乾淨，同時也得回到原位才行。你知道每樣東西都需要專屬於自己的適當空間嗎？當我們踏進美術館、博物館時，為什麼都能感覺特別悠閒？當我們在精品商店試穿衣服時，為什麼都感覺自己變得像藝人一樣？

或許是因為畫作很美、藏品很驚艷、名牌服裝很華麗，只是，當這些東西被隨便堆在一起，或是和垃圾一起在某處翻滾時，我們還會感到心動嗎？**一件物品的價值，在於被擺放在恰當且能突顯的空間。這也是為什麼在整理物品時，要同時兼顧收納與空間總量。**

我在空閒時，很喜歡去住家附近的小樹林，靜靜整理思緒。只要見到各種樹木之間以適當的距離矗立著，我總能深刻體會到大自然才是「最偉大的整理王」。假如一座樹林只長滿了密密麻麻的大樹，你還會覺得這個地方很美嗎？依然會是恬靜得讓人想要常去的空間嗎？連陽光也照射不到的陰暗、潮濕空間，依然令人感覺悠哉嗎？

幾乎擠滿餐具筒的刀叉組（甚至還不成對）、塞滿壁櫃的馬克杯（通通是贈品），以及一打開抽屜就會見到滿滿的免洗筷與一次性餐具（根本不知道放了多久），為什麼自己卻眼睜睜看著它們占據了寶貴的空間呢？

就像我們生活的家都有住址一樣，我們使用的物品也有各自的住址，沒有住址的物品，其命運只會淪為今天從這裡移到明天的那裡，又從明天的那裡重新在後天移回這裡，如同無家可歸的遊民般四處流浪，始終找不到自己的歸宿。

高價、大坪數或昂貴裝潢，不一定是「好的家」

不久前，我正在拍攝課程影片。平時總是默默扛著攝影機拍攝的攝影師，忽然上前表示自己有問題想請教我。本來以為對方是因為對課程內容有不明白的地方，或是想更了解關於整理的資訊，我當然也很爽快地答應。

「有沒有什麼祕訣可以教一教像我這種本來就不太會整理的人？」

「你從什麼時候開始覺得整理很難？」

「嗯……就突然覺得有點麻煩。老實說，就算不整理，也對生活沒什麼大礙。光是想到工作就夠累的了，根本沒時間整理。反正以後再整理也沒關係吧？」

「對，沒有馬上整理也沒關係。只是，你為什麼這麼認真工作呢？」

「因為想賺錢。」

「賺到錢以後，想要怎麼用？」

「我想買房子，還有買更厲害的攝影機。」

「你在家的時候，大部分都在做什麼？」

「最近的話……幾乎都在睡覺。」

「如果那只是個睡覺的地方，其實可以住考試院*就好啊，何必買房子呢？」

請各位不要誤會，我並不是想跟攝影師吵架，才用這種反問法。我也知道人們

＊ 韓國主打考生市場的廉價、小坪數出租套房。

對於整理都帶有隱約的「反感」，因此才更好奇大家對整理最普遍的想法是什麼。

當我問起攝影師「為什麼認真工作」時，他的答案是「想賺錢買房」。可是，這不是很奇怪嗎？既然已經忙得只剩下睡覺時間，何必非買房子不可呢？

「所以賺錢的最終目的，是希望能做自己喜歡的事情，然後在好的環境生活吧？」

攝影師點點頭。「做自己喜歡的事情，並在好的環境生活」的需求，看似只要多賺錢就能解決，卻不代表只要賺得錢夠多，就能擁有好的環境。

好房子，就等於好環境嗎？我認為，這只對了一部分。我見過不少人即使住在價值上億的豪宅，卻沒有好好利用空間，甚至還有生活在七、八十坪的房子裡，卻連一坪都沒留給自己的人。只要住在又小又舊的房子，就覺得自己不幸嗎？其實有許多人按照自己喜好設計老房子，並生活得相當滿意。這其中的差異到底是什麼呢？

對自己家感到滿意的人，他們的共通點在於無論是否擅長，都會創造屬於自己的空間，並且給予空間適當的整理。即使看在別人眼中有些淩亂，但他們能有自己的秩序並隨時找到需要的物品，更能在這樣的環境中感到舒適。整理，就是為了舒適，如果整理對生活沒有實際用處，想必也不會成為如此受歡迎的課題。

從沒有整理天賦，變成喜歡整理的人

有人說，如果想要改變你的人生，就從整理你的房間開始；也有人說，看一個人生活的空間，可以了解他是什麼樣的人。有人認為整理不用急著做，也有人認為要先整理才會感到心安。

先別急著貼自己「不會整理」的標籤

許多人都知道整理是好事，但知易行難，也有人說，隨時都可以整理，但現在就是不想。我認為不一定要擅長整理，因為「擅長」整理與「進行」整理是兩回事，擅長整理不一定代表生活就能過得好。在沒有經濟負擔的情況下，可以尋求專家的協助，如果認為有沒有這個必要的話，也可以按照自己的方式進行。

因為不知道東西放在哪裡，結果在怎麼找也找不到的情況下，只好再重新買一次。這麼做並不會造成他人困擾，而且也是用自己的錢買東西，任何人都無權干涉。

其實，不整理或不會整理，並不是什麼天大的問題，倒不如說就是對整理沒有興趣。不是所有人都對整理有興趣，對整理的認知與標準也不盡相同，對必要性的看法更是不一樣。更何況，也不是所有人都一定要成為整理達人。

有些人確實對整理擁有與生俱來的天賦，不僅能憑藉驚人的直覺準確對齊，還能將顏色整理得像漸層排列，有人甚至能夠徒手摺出直角。如果有人對整理有一套確切的獨門哲學，並且分享如何藉由深入思考將整理的層次提升到另一個境界，我一定會很想認識這個人，希望和對方聊聊是從何時開始成為整理天才、如何產生興趣、關於整理技巧與祕訣，以及更高層次的整理法則，甚至還有關於空間與生死的話題。

史蒂夫・賈伯斯（Steve Jobs）曾說：「我願用一生的成就與財富，換取和蘇格拉底共度一個下午。」雖然我拿不出全部財產，但就算是需要支付再昂貴的學費，我也樂意與對方見上一面，向對方學習。

對整理的喜歡，是可以培養的

不過，我們不需要成為「整理天才」。我當然也不是，只是對整理很有興趣而已。「興趣」，就是這一切的關鍵所在，因為整理需要的不是天賦，而是興趣。

我們會對喜歡的東西產生興趣，同時又對充滿興趣的東西感到喜歡。喜歡錢的人會關注錢，喜歡人的人會對人充滿興趣。假如有人說自己喜歡某樣東西卻對它毫無興趣，那絕對是在說謊。因此，無數情侶間的質疑「你真的喜歡我嗎？」或許就是在表達感覺不到對方關注自己的委屈吧？

有些人聲稱自己愛錢，但對投資沒有興趣、對房地產一無所知、不儲蓄，也不思考如何加薪。這種人也許是真的喜歡錢，但錢不會喜歡他們。就像我們為了

喜歡的人盡心盡力時，對方也會給予真誠的回饋一樣，財富也會跟隨那些喜歡自己的人。

整理也是如此，愈是擁有天賦的人，對該領域的興趣愈強烈、愈關注。正如高爾夫球選手關注高爾夫球、歌手關注音樂、投資者關注財富趨勢一樣，天生擅長整理的人，往往願意傾注大量心力思考更好的整理方法、空間的意義等。只是，我想再強調一次，任何人都沒有必要成為整理天才。我們需要的只是再自然不過的日常感，像是聽音樂、為了好笑的笑話捧腹大笑、找好吃的餐廳一樣。

當喜歡的歌手推出新歌時，根本不需要任何人告知，自然會主動找來聽；把好看的劇集，集中在週末一口氣狂看；就算明天要上班，也絕對不能打斷看網路漫畫的節奏，非得熬夜看完為止。即便不停叮囑自己「不要再這樣了！」即使已經忙到只能邊走邊吃解決一餐，一旦喜歡上了，人依然會不由自主地去做。某天突然莫名其妙開始追偶像，並聲稱自己遇見了此生最愛的朋友說：「我從來沒想過自己會在這個年紀沉迷成這樣。」

朋友說他發現了全新的自己，連一直憂鬱的情緒也奇蹟似的好轉了；現在的生活實在太快樂、太精彩、太幸福，他不知道自己為什麼到現在才發現如此美好的事（指追星），過去實在浪費了太多時間。聽著朋友的敘述，同樣身為整理迷的我，忽然閃過一個念頭。

「對啊！只是一直沒想到！」

沒有本來就不會整理的人，只是以為自己不會整理，才不整理而已。因為一直沒有做，當然不可能有興趣。如果你一直以來都將自己視為不會整理的人，會不會其實是因為還沒找到對它產生興趣的契機？會不會是因為不知道自己生活的空間會對身、心、靈帶來哪些影響？

只要領悟這件事，是不是就能看得見「某樣東西」，足以改變原本悶悶不樂的生活步調？這種領悟，不必是什麼令人狂起雞皮疙瘩的大徹大悟，只要是對日常生活提出一個極小的疑問，就能扭轉你對整理的偏見。

誰都能做到的整理祕訣

對於整理一直都不感興趣的人，我提供以下三個祕訣，讓各位可以在沒有壓力的狀態下輕鬆開始實踐整理。

第一個祕訣：一樣東西（one thing）。每天整理一樣東西或物品，例如：不需要的文件、放很久的食材、不穿的衣服等，無論是什麼都可以，尤其是一次性用品，就可以立刻處理掉。打從一開始就不要拿用不到的一次性用品，即使是因為習慣而順手拿的，也在今天之內處理完畢。

第二個祕訣：只花三分鐘。無論是每天早上或晚上，養成固定花三分鐘整理周圍的習慣。例如隨手整理一格抽屜或桌面等，從小的空間開始，自然而然養成整理習慣。

第三個祕訣：結合DIY。將嘗試整理的空間裝飾、改造得漂漂亮亮。例如：整理桌面的同時，搭配不同色調、營造獨特的氛圍；或是善用原本不再使用的東西創作獨特小物，也別有一番趣味。整理與創作的結合，也許可以帶來令人驚喜的愉快體驗。

這三個祕訣的共同點，都是從小地方開始，透過瑣碎卻有趣的經驗，培養對整理的興趣。當各種微不足道的變化匯聚在一起，自然就能形成翻天覆地的改變。

沒有本來就不會整理的人。
只有以為自己不會整理，才
不整理而已的人。

04 斷捨離的技巧

爲什麼我們無法放手？

有段時間曾掀起一股「極簡主義」的風潮，在生活中甚至開始崇尚以最低限度極大化滿足感的趨勢。不知道是否因為受到這股趨勢的影響，有些人開始認為，「整理」就代表要盡可能丟掉所有的東西，只留下最少的物品過日子就好。

然而，實際整理過的人應該都很清楚——斷捨離從來就不是件容易的事。

此外，也不能因為不合自己心意就隨便拿去通通丟掉。畢竟家是和大家一起生活的地方，每個人對物品的情感也不一樣。妻子認為沒用的東西，丈夫卻捨不得丟；父母無法理解的東西，也可能是孩子珍視的寶貝。

既然每個人在情感上的原因或價值觀、環境因素都不同，無法斷捨離的原因自然也是五花八門。因此，在居家整理的過程中，理解家人的情緒與看法極為重要。如果是在獨自擁有的空間裡整理自己的物品，當然可以自由挑選想丟的東西，但是如果是與家庭成員共用更衣間、客廳、浴室、廚房等公共空間的話，勢必就會很難照自己的想法處理。

有情感寄託的物品

不過，真的只是單純因為物品本身讓人很難斷捨離嗎？為什麼有些東西可以不假思索地丟掉，但有些東西明明不用，卻非得留下來呢？擺放在家裡的物品，大多蘊藏著過往的時光與回憶。正是因為一件件物品都保留了特別的時刻、與珍貴的人共度的記憶，所以擔心如果把這樣東西丟了、是不是連回憶都會跟著消失，因此才想要留下物品。

我曾經聽過這樣的話：「只要看著和重要的人一起擁有共同回憶的東西，我就能感覺彼此的靈魂連繫在一起。」

或許有人會提出這樣的質疑：「物品不就只是物品嗎？」**物品既是物品，同時也是情感的媒介**，光是這點，就足夠成為與特別的人之間的連結。像是生日時收到的咖啡杯、朋友很久以前寄來的明信片、旅行時買的鑰匙圈等，都因為承載了當時的情感，才會讓人產生「丟掉物品，等於丟掉贈與物品者的感情與誠意」的罪惡感。在人生的某些難關，也能藉由重要人物贈與的物品回憶彼此的情誼，獲得重新開始的力量。

就像孩子們小時候絕不離手的小被子，看在別人眼中，或許只是破舊的東西，但對本人來說，實在很難丟掉能為自己帶來慰藉與安全感的物品。在很多情況下，人們甚至會在無意識間認定「把它丟了，我會變得焦慮」而選擇留下。尤其是在累積了許多壓力時，自然就會想在家裡找個棲身之處，而熟悉物品帶來的慰藉與安全感，就是如同魔法般的療癒。愈習慣這種情感依賴，愈不可能丟掉那些東西。**一旦這種安全感鞏固了，就會逐漸導致對於「改變」的恐懼**。長時間待在放

人無法輕易丟掉能帶給自己
依賴感或安全感的東西。

置各種老舊物品的空間，自然會產生想保持穩定狀態的欲望。人需要花時間才能適應新環境、新狀態，更會因此感到焦慮。在這種情況下，保留自己熟悉的物品，也許就是種防禦機制。斷捨離就像適應新環境、新狀態一樣，所以人也會出現面對改變的恐懼感，甚至想要嘗試逃避。

代表「自己」的物品

此外，展現自我認同的物品也很難說丟就丟。只要看看一個人家裡堆滿哪些物品，便能得知這個人最重視什麼。服裝設計師的家裡有很多衣服、作家的家裡有很多書，至於食物造型師（Food Stylist）的家裡，則會有大量的餐具。物品，是向他人展現自己的模式之一，尤其是家裡的裝潢與擺設，都是向造訪的客人展現自我的重要方式。因此，有些人擔心把這些東西丟掉，會改變自我與他人的認知。

將特定物品與自己視為一體時，對它的執念也會變得愈來愈強烈。原因是這件物品被認為是自我的形象。當一個人特別重視利用髮夾、手鍊之類的小飾品突顯自我風格與個性時，即使每個首飾盒都裝滿再也不會戴的飾品，也很難輕易丟棄。

我曾經拜訪過嗜好是搜集奇石的人的家。整個家擺滿形狀不一的石頭，甚至連好好走路的地方都沒有；即使家人紛紛表示再也受不了了，但對當事人來說，那些石頭並不只是石頭。他不僅將石頭視作寶貝，同時更認為那象徵著自己的存在。正因為體現一個人品味與喜好的物品，尤其會與自我認同產生連結，才會讓人說什麼也不願放手。

比起不方便，真正害怕的是「沒有」的焦慮

斷捨離之所以困難，除了過往的回憶與現在的自我認同外，與未來的必要性也有關，這點大概是多數人無法輕易斷捨離的關鍵原因——認為「總有一天用得到」。十年前穿過的衣服總有一天會再流行回來、從媽媽開始代代相傳的餐具組搞不好會搭上復古風潮⋯⋯。

一旦重視的是未來「可能會使用」的不確定性，而不是現在「不會使用」的

確定性時，斷捨離就會變得更難。

幾年前，我在居家整理的因緣際會之下，認識了偶爾會互相問候的宥莉。她告訴我，希望委託我整理母親的家。等到約好的那天，我到了現場才發現東西並沒有想像中的多。然而，宥莉卻悄悄露出一抹微笑：

「老師，事情有時候不能只看表面。這個家的裡面和外面完全不一樣。」

起初以為她只是開玩笑，但我很快明白這句話的意思。雖然肉眼可見之處都整理得不差，但看不到的地方卻堆著滿滿不知道何時才會用到的東西。流理台上方的壁櫃裡，散落著數十個保溫盒與玻璃瓶；不計其數的免洗筷，則是塞滿了整個抽屜櫃。壓軸登場的是陽台，從入口就堆得滿滿的紙箱，甚至讓人無法踏入一步。

「連我們都不知道那些紙箱裡到底裝了什麼。」

儘管宥莉很想馬上通通拿去丟，母親卻執意不肯，口口聲聲說著「總有一天用得到」。後來，我認真傾聽了宥莉母親的故事。原來她是經歷過戰爭的那一代，挨餓的日子讓她了解物資的珍貴，所以她是靠著把眼前所見的東西都搜集起來，含辛茹苦才養大五個孩子。即使現在過著相當富足的生活，子女們也都有能力養家活口了，卻還是改不掉以前的習慣。

不是無法整理，而是缺乏物品去留的判斷力

二話不說就把所有東西都丟掉，固然不是個好主意，但為了「總有一天用得到」而保留的物品，實際上也不是真的有用。

雖然可以理解母親的心情，但另一方面也覺得相當可惜。稍微計算一下那個地段的房價，每坪至少價值韓幣數百萬元*。然而，如此昂貴的空間竟塞滿一大堆不到幾千韓元的東西。善用空間的價值，應該比堆滿廉價物品更有意義才對，結果卻把家當作囤積物品的倉庫而不是生活空間，這不就是本末倒置了嗎？

對於昂貴、難取得或重要的物品進行斷捨離，也許會讓人感覺是種損失；尤其像是名貴家具、電子產品等，畢竟是花了一大筆錢買來的，難免會在考慮丟還是不丟時感到猶豫。不過，從空間的角度來看，**繼續保留不使用或不需要的物品，只會降低空間的價值**，反而造成經濟上的損失。

舉例來說，假設我們準備出售一間房子。相較於堆滿閒置物品的家，及整理得井然有序、空間感十足的家，兩者在大小與價格相同的情況下，哪間房子會先賣出去？特別以賣房作為例子的原因，為的就是讓人反思自己生活空間的真正價值。

除此之外，宥莉母親無法斷捨離還有一個原因——明明很想整理，卻不清楚如何逐一判斷家裡所有物品的去留。居家整理確實是需要投入大量時間與心力的工作。在整理物品的過程中，有時會因為被「未來的需求」束縛，又把東西悄悄放回原位。

宥莉的母親也重複經歷這段過程，最後依然無法割捨。就算下定決心丟掉，

*譯註：新台幣與韓幣匯率約為一：四三（以二〇二四年七月為準）。

一旦浮現「以後需要的話，怎麼辦？重買的話，不是很浪費錢嗎？」的懊悔與不安，也會在做出決定後變得愈來愈焦慮。宥莉母親無法斷捨離的，或許不是物品本身，而是焦慮的情緒。比起生活在家裡堆滿一大堆無用之物的不方便，活在焦慮的情緒裡，才更令人感到難受。

什麼該丟，什麼該留？

「只要下定決心就做得到。反正丟就對了嘛！我只是不丟而已，要丟隨時都可以丟啊！」

雖然嘴巴上這麼說，結果卻是一拖再拖，終究無法捨棄。「丟東西」的確是整理的一環，但只是把東西丟掉，並不能算是真正的整理。有些人會認為斷捨離是整理的第一步，但萬一只執著於丟東西的話，反而會錯過真正重要的核心。

假如把東西全部不加思索地丟掉，會發生什麼事？騰出來的空間，很快又會被填滿，買新的東西取代被丟掉的東西，最後，演變成丟了再買，買了又丟的惡性循環。換句話說，即是以「整理」的名義，重複「丟完了、再買」的奇怪現象。於是，整理只有改變了物品，並沒有改變生活。當然了，改變的還有因為購買新商品而減少的帳戶餘額。

其實，選擇與決定才是斷捨離的關鍵所在。擅長斷捨離的人在面對生活的問題時，往往能在深思熟慮後，做出最好的決定。這點也是我替成功人士、有錢人進行居家整理時，親身體悟的經驗。決定物品的去留，確實不是件簡單的事，原因在於每樣東西都有其用途與價值、意義，而且也很難判斷哪些東西更重要、更有價值。

第一步，把所有的東西分類

居家整理時，究竟該留什麼、丟什麼呢？我為很難決定的各位，提供幾項祕訣。首先，請將家裡的所有物品分類；將類似的東西分門別類擺放後，再來確認哪些東西的使用頻率較高。

這個方法也是我在提供整理諮商服務時，第一項進行的工作。先把衣服歸衣服、化妝品歸化妝品、廚房用具歸廚房用具，分門別類擺好。光是像這樣通通擺在一起，當親眼見到時總是會大吃一驚。

整理宥莉母親的家時，當她見到我將廚房用具全部擺在客廳後，瞬間瞪大了眼睛。

「這些全都是從我們家整理出來的？」

她的眼神中，流露出即使這是自己親眼所見、也無法相信的情緒。連廚房用具都是這種程度的話，把陽台的箱子通通搬出來結果又是如何呢？那些紙箱甚至因為被棄置了太久，早已爬滿黴菌，而裝在裡面的衣服、兒童玩具、書籍、碗盤等，沒有一樣東西還能用。

直到親眼見到過往看不見的景象後，宥莉母親才終於下定決心與這一切「分手」。雖然晚了些，但她總算承認自己幾十年來一直不肯放手的，盡是些不值得擁有的東西。

從技術上來說，整理是
「搜集後、再分類」。

第二步，把分類的物品再分為細項

按照性質分類後，接下來就是區分細項。舉例來說，如果是衣服的話，先分為兒童的衣服與大人的衣服，再分為T恤、牛仔褲、襯衫、洋裝、內衣褲等等。從技術上來說，整理是搜集後分類的行為，也就是將大類別再細分為小項目的過程。

此時，務必留意不要只顧著分類、卻造成生活不方便。整理是為了讓生活更便利，讓人可以經常使用好東西、珍惜重要的物品。因此，**整理的目的在於頻繁地、好好地使用物品，而不是只是放著不用**。沒人會因為鍋子很漂亮，就把每天使用的平底鍋擺在架子最上方。經常使用的物品就該放在方便取用之處，同時也建議將關聯性高的物品放在一起。

第三步，選擇要留下的物品，好好斷捨離

萬一實在很難挑選要丟的東西，專注挑選要留的東西也是一種方法。

「如果是老師的話，會選擇留哪些東西？」

假如有人這樣問我，我的答案是「優先考量——機能性與價值」。我會保留

需要且有用的物品，並且果斷丟掉不使用、不重要的物品。我當然也有些重要物品具有特殊的情感價值，這些東西我會另外收藏起來。當數量真的太多時，我會重新進行整理；像是透過拍照留念後，只挑選出一樣最具代表性的物品留下，便將其他通通丟掉。

但對我而言，**最優先的是空間，而不是物品**。如果我們家像博物館一樣大的話，當然可以盡情地將所有東西都擺得漂漂亮亮。不過，既然空間有限，那麼我會盡量控制物品的數量，好讓自己生活的空間可以好好呼吸。我怎麼可能沒有想要擁有的東西？只是，單純為了「想要擁有」的理由而一件接著一件增加物品，最終就得犧牲空間。

當被問到是否想在寶貴的空間裡與這件物品一直生活下去時，多數人的判斷都是「沒有也沒關係」；即使是充滿依戀的物品，也該避免因過度投入感情而不願放手。

有些物品雖然我不需要，但對某些人來說卻很有用，不妨將這種東西轉賣或捐贈。假如是將來會用到的，又該如何是好呢？像是文件、工具之類的物品，建議可以在整理後進行收納。不過，請果斷地丟掉狀態不好或已經超過有效期限的物品。

重點在於好好斷捨離，而不是通通斷捨離。好好斷捨離，不是一次就結束的期間限定活動，而是必須持續養成的習慣。令人意外的是，丟東西也能成為小小的樂趣。整理家裡時，不妨給自己一些獎勵提高動力。舉例來說，可以在整理的同時吃點零食或聽音樂，將「整理」與「享受」結合在一起。如此一來，不僅能獲得心理上的安定，也會使人感覺心情放鬆。

整理，是面對自己的過程

想要養成定期整理家裡的習慣，從極小、極簡單開始是最好的；一口氣要整理大量的物品，往往會因為必須投入很多時間與心力而中途放棄。試著簡單地從一格抽屜、一個箱子踏出第一步。整理，是不斷重複的過程，太過急躁，只會造成反效果。帶著從容、享受的心情，只要每天花五至十分鐘就夠了。

整理的第一步，並不是把所有東西拿去丟掉。無論決定丟掉什麼、留下什麼有多困難，這件事都值得我們好好面對。許多人會用「輕鬆」形容整理後的心情，彷彿一直以來壓抑自己的某些「東西」被釋放了。究竟釋放了哪些「東西」？可能是擺脫了物品本身的數量帶來的壓迫感、留在物品上的昔日痕跡，也可能是空間變得寬敞後散發的舒適感。

無論是什麼都好，當丟掉想丟掉的東西、留下想留下的東西後，自然就會知道留下的東西有多麼珍貴，這時才會終於明白——

「原來，我一直沒有好好使用這些好東西啊！」

過多的東西，反而讓我們珍惜的東西失焦了。我曾經聽過一個笑話，有人因為去吃到飽餐廳卻猶豫不決不知道該吃什麼才好，最後只吃了海苔飯捲。與其如此，倒不如在只提供一、兩道精緻料理的餐廳好好享受，更能留下深刻的印象，對身體也比較有益。

我不會勸阻那些想把自己家變得像百貨公司一樣的人，不過，把自己生活的空間變成塞滿廉價物品的倉庫、雜貨店，是不是太可惜了呢？如果是因為過去的回憶而無法斷捨離，可以試著將那些回憶收藏在心裡，而不是抽屜或衣櫃。至少，我們的心比抽屜或衣櫃更寬大吧？

05

活在當下這件事

藏在衣櫃裡的回憶

擔任記者二十年的媖珠，為了繼續進修，決定在四十多歲時攻讀研究所。從她的眼神，一眼就能看出是個機靈聰慧的人。當我問起她為什麼選擇辭去記者的工作時，媖珠表示自己在辭職前的三年間思考了很多。

她說：「我在最後那三年做了很多訪談，其中有不少富豪、企業老闆，還有在各自領域功成名就的人。每當聽到他們的人生故事時，都會讓我重新思考自己從以前到現在的人生。身為一名記者，我確實在採訪現場度過熱血的生活，也算是很有意義。不過，隨著年紀愈來愈大，那種滿足感好像漸漸消失了，所以我才想在為時已晚之前，趕快去進修。」

她告訴我，決定辭職的關鍵契機是「衣服」。那天，她如往常在挑選訪談要穿的衣服時，卻發現沒有任何一件適合。

「這不是大家很常說的嗎？衣服明明很多，但沒有衣服穿。」

家裡的四個衣櫃都塞滿了衣服。儘管如此，真要挑件衣服出來穿也沒那麼容易。衣櫃裡有從二十歲開始穿的衣服，也有去年下了好大決心才入手的衣服。由於媖珠的職業需要站在鏡頭前，因此也會特別在意穿著。喜歡衣服的她，甚至把大部分的薪水都用來治裝，而這些衣服多數也都相當時尚、高級。

「雖然衣櫃已經滿了，我卻沒辦法果斷地挑出任何一件衣服。老實說，我有點嚇到。只是要認真整理的話，我也不知道該丟掉哪些；沒辦法好好整理衣服，就像我無法決定未來一樣，猶豫不決。」

或許也是因為當時正在煩惱職涯規劃，所以這種感覺變得更加強烈。當媖珠打開衣櫃門準備整理不穿的衣服時，那些衣服彷彿也用著渴盼的眼神注視著她。這種時候，總會有股微妙的情緒湧上心頭。隨著衣服被一件件拿出來，過往的情緒也隨之浮現，使得丟衣服變得好難，每件衣服都承載她的往昔與回憶。有時，過往的回憶會擁抱她、推動她，有些衣服能喚起特殊日子的回憶、使人想起美好的時刻。

在委託我前往整理的那天，媖珠說：「看來我想整理的是過去，不是衣服。我覺得，現在是時候放手了。」

媖珠想要自由自在地向前走，透過整理衣櫃，感覺自己與過去道別並重新開始。擔任記者的那段時期，她一直嘗試用衣服掩藏自己的緊張與焦慮，但現在的媖珠想好好整理它們，然後與過去的自己道別。在整理衣服的過程中，我問她此刻有沒有想說的話。

「一路走來辛苦了，也盡力了。這就是我想說的。」

媖珠的聲音微微顫抖著。雖然大部分的物品都交由他人處理，但唯有衣服，她積極的參與其中。隨著時間的流逝，衣櫃也變得愈來愈乾淨。再也沒有好久沒穿的衣服，只剩下整理得井然有序的衣服。她看著那些衣服，展露開心的笑容。

「我的衣櫃第一次這麼乾淨。我一直以為自己沒衣服穿，但沒想到還有這麼多好衣服，衣櫃好像有了全新的空間。」

媖珠感受到的煥然一新，我同樣也感受到了。因為媖珠整理的不是她的衣服，而是她紊亂的心。媖珠站在整理好的衣櫃前，整個人看起來如沐春風般；留在她衣櫃裡的，不再是過去的物品、而是未來的可能性。她已經準備好為自己在這個世界找到新的位置，我也由衷支持她踏上全新的冒險旅程。

每個「存在」，都需要專屬於自己的位置

當我們整理好複雜的心情後，自然就能決定要去哪裡、做什麼。唯有意識重要的優先順序並下定決心，我們才能明白自己想和什麼樣的人，待在什麼樣的地方。倘若無處安放自己的心，那該有多麼空虛、孤獨呢？這就是為什麼每個人都拚了命想在職業或職場、關係裡創造自己的一席之地，擁有自己獨一無二的空間。

整理物品也是如此。整理，就像是淨化內心的行為，這是因為周圍的物品與我們緊密相連。**移除不需要的物品、珍惜重要的物品，其實就是在整理內在並重新調整優先順序。**每當整理桌面、整理衣櫃，或將汽車內部整理得煥然一新時，我們都能感受到心境的變化。

如果物品都找到屬於自己的位置，那我們就能擁有更多空間。這個空間彷彿在告訴我們，我們可以認同自己的價值，並且獲得更多自由與安全感。物品經過整理後，內心也會找回秩序，而我們自然就能做出更好的選擇，過上更幸福的生

活。無論是物品或人心，總會有迷失的時候，但終究都是為了找到屬於自己獨一無二的位置。

建立一個只屬於自己的空間

「因為整理，我才知道原來自己也需要一個位置。」

為了搬離與父母同住的家，恩熙開始著手整理。她說，在這之前從來沒有在家裡擁有過「自己的房間」。如果不是和姊姊同房，就是得和弟弟或媽媽、表妹使用同個房間。直到三十歲前，都只有過和某人一起使用的「我們的房間」。

對恩熙而言，房間的意義不只是「房間」，因為沒有自己的房間，就等於沒有獨立的空間。對於情緒敏感、感性的恩熙來說，更代表著自己沒辦法舒適地待在家裡任何一處。

置身於「除非結婚，否則不准自己搬出去」的保守家庭，恩熙唯一能做的就是在遙遠的異鄉找份工作。大學一畢業，她便刻意找了離家很遠的工作，但不幸的是，家裡附近就有公車能到公司，只不過，光是一來一回就得花上三小時。雖然她向父母表示這樣實在太累了，打算自己搬出去住，換來的卻是父母的極力反對。仍是社會新鮮人的恩熙，全身上下只有兩百萬韓元，為了湊足租屋保證金，她只能繼續認真工作，就這樣被通勤生活折磨了五年，咬緊牙關拚命存錢。後來，恩熙決定離職，為的就是擁有一個屬於自己的獨立空間。

當恩熙找到自己位置的那一刻，她才終於認同自己的存在，並意識到自己可以在這個容身之處放心生活。不僅在工作時經常出現靈光一閃的創意，整個人也變得意氣風發，在日常生活中察覺更多值得快樂的事。

「獨立生活後，隨著我開始在自己的空間擺放喜歡的物品，才感覺與自我有了更深層的溝通。」

世上的所有存在，都有屬於
自己獨一無二的位置。

恩熙在整理時設定了一個原則：物歸原位。替物品找到各自的位置，並將它們放回原位，其實是一個小而有力的整理方法，雖然看起來沒什麼，但只要養成習慣後，便能為生活帶來變化。整理時的物歸原位，真的這麼重要嗎？為什麼這麼做有助於找到屬於自己的位置呢？因為，找到屬於自己的位置，是我們存在的意義。**每個人在找到屬於自己的位置後，才會更加認識自己，從而找到內在的安定與和諧，物歸原位也是如此。**當周圍環境經過整理，看起來整潔和諧時，我們的內心也會變得平靜，並且朝著更好的方向邁進。相反地，亂七八糟的空間，讓我們很難分辨哪些東西是重要和需要的；一旦所有東西都混在一起，免不了就得浪費時間在不必要的事情上。藉由整理，可以將更多時間與能量投入真正重要的地方。

整理空間與心靈的旅程

世上的所有存在，都有屬於自己獨一無二的位置。小鳥翱翔在天空的懷抱，樹木佇立於天地之間，而人們也需要專屬於自己的小天地，才能在這個空間裡盡情感受自由、享受喜悅。

從心理學的角度來看，物歸原位的行為能為情緒帶來穩定與滿足，像這樣重視與尊重自己的行為，不僅有助於自我成長，也能增強自尊感。

我也有過不少次類似的經驗，一拿到新的東西，便立刻替它找個合適位置，同時果斷送別不需要的物品；也因此，我每天早上都可以在房間裡感受平靜與幸福。經過整理的空間似乎也與我的內在狀態同步，我再也不會感到焦慮，如此微不足道的變化，最終為我的人生帶來巨大的影響。

好好整理的空間與好好整理的內心，成為高效生活的基石，最重要的是，我開始萌生對周圍環境的尊重與感激。現在的我，既懂得珍視自己，也明白找到屬於自己的位置有多麼重要。

開始整理，就是善待現在的自己

然而，無論列出整理的優點多少次，終究是知易行難。可能是因為無法替物品找到它們的位置，可能是因為每樣物品都與我們有著不可切割的感情與回憶，也可能只是單純覺得麻煩。看著那些物品，使我們沉浸在過去的記憶，更會對準備斷捨離的東西感到留戀。不過，如果從另一個角度來看，整理物品並非只有困難與遺憾，這麼做才能與過去道別，有機會邁向全新的未來。

整理物品本身即是一趟旅程，一種自我覺察的過程，能藉此梳理內在情緒，醒悟人生真正重要的事。經由整理物品與拯救空間的過程，我們開始學習愛自己與接受自己的方法，並找到活出更美好人生的路。因此，好好整理堆滿空間的物品，並不只是將東西物歸原位，更是替空間找回自己的位置。最後，我們終於擁有自己的空間，而這就是微小卻足以帶來有意義變化的事。

透過整理每樣物品蘊藏的情感與回憶，為我們找到更強烈的滿足感與平靜，讓我們意識到置身其中的自己竟是如此無拘無束。縱使為自己尋找歸宿與整理的旅程是永無止境的循環，我們卻也能從中發現更好的自己，活出更精彩的人生。

在日常生活中，我們每天都會與各式各樣的物品互動。無論是家裡的東西、工作場所使用的工具或個人物品等，都會以某種形式影響我們的生活。過多的物

品雜亂無章地散落四處，也會導致我們的心理不平衡；未經整理的空間恰如內心世界，未經整理的心靈容易引起更強烈的焦慮與混亂。

然而，**當所有東西都經過物歸原位的整理，這種心理上的焦慮與混亂就會開始消失**，只要每樣物品都回到我們指定的位置，從而感受到的穩定與和諧也會帶來驚人的心理變化。好好整理的空間，反映出心理狀態的穩定；相反的，未經整理的空間，則會為內心帶來混亂與焦慮。

經過整理的空間，將會成為情緒的充電站，這對激發我們內在的創意與創造性思維也有顯著的影響。因此，「整理」不只是單純的整理物品，畢竟，這關乎能否確保擁有自己的空間與位置。藉由與周圍物品的互動，找出屬於自己的空間，覺察這件事對內在的影響，並過著更精彩的生活。就在此刻，讓我們正式踏上整理自我空間與內在的旅程吧！

第二章

致想要過更好生活的你

01

有錢人的居家整理有什麼不同？

關於空間價值的思維

這是大約在六、七年前的委託案件。那間房子位在一棟普通的大樓裡，卻讓人在踏進屋內的瞬間，感受到出人意料的魅力。一幅幅精美畫作與空間交織的協調感，確實令人印象深刻，但更讓人吃驚的是，屋主實在太年輕了：一對三十多歲的夫妻，養著一隻貓。

原本以為這對夫妻是繼承了父母的財產，卻沒想到他們是白手起家。雖然夫妻倆都是年薪優渥的專業人士，但據他們表示，是因為妻子靠著精準的投資眼光賺了不少錢，所以才有辦法搬進這間夢想中的房子。這間房子不僅能眺望漢江的景色，周圍還有森林環繞，說是豪宅一點也不為過。

如果要用一個詞來形容的話，我會說這個家十分「簡約」。沒有多餘的裝飾或不必要的擺設。從凸顯極簡美學的室內裝潢可以看出，夫妻倆似乎都偏好簡潔、俐落的設計。家具的數量配備恰到好處，設計也很美，除了反映出兩人的品味外，不難看出都是兼具機能性與高品質的產品。其中，有張木椅特別引人注意。

「那張椅子真美。」

「那是出自我們喜歡的北歐設計師之手。雖然已經買了十年以上，但愈用愈滿意。當時我們對它一見鍾情，但韓國沒有貨，足足等了一年才終於收到。現在已經停產了，所以我們也算運氣很好。」

「那兩位之前是用什麼椅子？」

「因為一直沒找到喜歡的款式，所以什麼都沒買。精緻、好看的椅子很多，但就是找不到那麼喜歡的。雖然不是很方便，但也沒關係，總比強忍著不需要的東西來得好。而且，等待也讓心動的感覺更強烈了。」

或許，他們的心態本身就不同於常人。這對夫妻很清楚自己想要什麼，目標也相當明確。這種態度在諮商初期也表現得十分明顯。夫妻倆對「整理」這門學問做了不少功課，也理解得十分深入。他們認為，整理不是單純地把東西排列整齊、漂亮就好，而是先逐一劃分空間，再讓所有物品都找到屬於自己的位置，藉此營造家的歸屬感。

「對物品的精挑細選，養成我們不買不必要物品的習慣。我們喜歡家裡東西少，但樣樣都慎重使用的感覺。認真考量實用性與價值後才買的物品，基本上都可以使用超過十年。」

挑選一樣東西時，他們看重的不只是用途，也會連帶考量擺放的空間；再怎麼喜歡，也不會堅持購買不適合家裡氣氛的家具——聽到這裡，我不自覺地點點頭。

待的時間愈久，愈能感受這是個完美體現夫妻倆性格的空間。儘管他們有在持續改善居家空間，但對於藉由這次機會澈底升級也抱持很高的期望。正是因為這對夫妻知道居家整理是專業領域，才會認為接受專業知識與技巧的協助是理所當然。像這樣的客戶我見過不少，但實際需要展現專業能力時，我難免也會有些緊張。

在諮商的過程中，這對夫妻提出「需要個人空間」的要求。他們表示，直到一起生活後才意識到個人空間的重要性，因此各自都需要一個能讓自己休息、充電的專屬空間。雖然目前是共同使用三個房間，但他們希望可以將其中一間作為臥室，另外兩間則打造成各自的獨立空間。經過討論後，丈夫的房間變成擺放收藏品的空間，妻子的房間則用來作為寫作的工作室。

整理完成後，環顧各自房間的夫妻倆都露出滿意的表情；對於這樣的結果，我當然也很有成就感。相處的時間固然寶貴，但更令人欣賞的是夫妻對彼此獨處時光的尊重。**我之所以一直記著這對夫妻，原因在於他們理解家是生活的空間，而不是用來堆放雜物的地方。**年紀輕輕就能擁有如此成就與財富，或許也是因為具備這樣的態度吧？

體現居住者價值觀的空間

後來，我陸續去了不少成功人士的家，很自然地開始留意這些人的與眾不同之處。有些人的家裡滿是引人注意的華麗裝潢，有些人的家則是展現素雅、樸實的美；平常也會定期整理的他們，會在適當時機邀請專家上門進行居家整理。隨著時間與經驗的累積，我發現成功人士對於「空間」的態度，有五項共通點。

第一點也是我認為最重要的，重視整理與系統。透過有系統地分類、整理家中物品，讓需要的物品變得隨手可得，並且有效率地善用居家空間。他們充分體悟到，隨意堆積的東西會浪費時間與能量，唯有經過整理的環境，才有助於高效工作與生活。亞馬遜創辦人傑夫．貝佐斯（Jeff Bezos），就是追求井然有序的居家環境與生活效率的代表人物，這種習慣與經營亞馬遜所需的組織能力，或許也存在密切關聯。

第二點，出乎意料地尊重與追求簡單。他們（有錢人／成功人士）喜歡盡量減少不需要的東西，同時只保留最需要的物品。對於「家」的價值觀，是不過度依賴物品，以及打造整潔的空間。追求簡單，不僅讓他們減少不必要的消費，也能在家裡找到心靈上的寄託。

第三點，雖然擁有的物品不多，但他們非常重視與珍惜有價值的物品。成功人士會悉心保留具有特殊意義的物品，尤其是與成就有關的紀念品。不過，這一點之所以有辦法實現，也是因為他們大多生活在寬敞的居家空間。然而無論（家中）空間再大，一旦物品數量超越空間也就沒什麼意義了。有錢人透過尋找適合空間的方法來整理與保存物品，以保持空間整潔，避免情緒疲勞。

第四點，特別重視高效善用空間。無論房子大小，所有空間都能得到有效率的運用；每天定時整理，避免過多不必要的物品堆放在空間裡，並經常向人請教適當配置必要物品的空間活用技巧。如同工作時對效率的重視般，他們也十分清楚：整理，能加強日常生活的效率與方便性，以及提升活動自由度與居家生活的滿意度。

第五點，對他們來說，「家」是為了未來而準備的地方。除了需要保存重要文件，也必須讓財產相關資訊得到安全的保管，更針對突發狀況做足準備。凡事未雨綢繆、以避免過度的壓力與焦慮，同時也有意識地培養應對未來的能力。

精心設定每個物品的位置

因此，成功人士與有錢人在進行居家整理時，往往會將系統化、極簡主義、具重要價值的物品、高效利用空間、為未來做準備等各方面都列入考量。透過居家整理，獲得精神層面的安定與提高生活效率、備妥應對未來所需的資源，這些都是創造人生成功與富足的重要因素。

令人意外的是，有錢人家中的東西並不多，而是享受簡約的美。

如果要用一句話總結上述五點，可以說他們「將空間視為重要價值」。成功人士對於空間的價值觀涵蓋多樣化的面向，從實用層面來看，追求效率、生產力；從精神層面來看，重視心靈穩定，並且不拘泥過去，聚焦當下。

有錢人和成功人士對於空間的見解與眾不同，將「家」視為猶如藝術品的獨特空間。或許也是因為如此，他們大多喜歡在家裡擺放繪畫、雕刻等有價值的藝術品或收藏品，一方面是展現自己的藝術品味，一方面則是基於投資目的。一踏進屋內，立刻就能感受到他們對於空間的哲學。物品與空間的協調性，營造出充滿質感的高級氛圍。

有一次，我在某戶人家看到書房的桌子上擺著一個小花瓶，簡約卻優雅美麗，散發出精緻的品味。這個看似隨手放置的花瓶，勢必也經過精挑細選，顯然就是為了盡可能美化「書桌」這個空間。不過，他們不會將名牌、藝術品用作單純的自我滿足或炫耀手段的工具，而是對於有價值的物品由衷抱持熱愛與興趣，因此這些作品才會作為家中的獨特擺設。家中的藝術品既能進一步強調個人的品味與個性，也讓人在家隨時享受藝術的美妙。

重視物品的內在價值

單憑這些人擁有的財富，似乎沒什麼買不起的，但他們對這個行為反而顯得格外謹慎，甚至給人一種在保護自己家免於受到過多東西侵占的感覺。他們深知如何賦予空間恰到好處的價值。置於家中各處的物品都有其意義，每樣物品都蘊藏著關於生命中每段緣分的特別故事，也正是因為明白其價值，它們才值得在家中擁有一席之地。

某公司退休的CEO，依然小心翼翼地對待使用了將近二十年的書桌；他說，這是自己剛升上管理層時買的。物品的使用痕跡，顯見認真維持的心思。

「我兒子一直在打這張書桌的主意，但我絕對不可能給他。因為我還要再用十年。」他輕撫著書桌，並發出豪邁的笑聲。

不知道他在陪伴自己職涯的這張書桌上做過多少決策？不知道他在這張書桌上度過多少失眠的夜晚，又對它傾吐過多少不為人知的煩惱與感嘆？假如物品也能感知情緒，想必這張書桌一定比任何人都更明白他的輝煌與孤獨。

比起盲目地購買昂貴的東西，他們更喜歡選擇與擁有真正重要的物品。同時，也從不忘用來欣賞與享受這些物品的空間。每樣物品都被精心布置，避免令人感到混亂、困惑。擺放在家中各處的小收藏品，在在反映了他們的品味與價值觀。這一切，證明了他們不認為居家整理只是簡單的工作；他們重視居家整理，也期望透過整理的行為與過程體現自我的價值與美好。對他們來說，家是蘊含心思的獨特空間，每個空間既承載了他們的生命故事，也是獻給到訪者的特殊體驗。

他們的家，不僅僅是用大筆金錢堆疊而成的奢華空間，而是囊括價值觀與人生哲學的全方位空間。他們的空間整理，不僅讓人生變得更加有意義，也為當下的生命注入強烈的靈感。如同成功人士與有錢人的空間所示，他們的生活也充滿質感與品味。

關於「氣氛」的整理

在為有錢人進行居家整理的過程中，我也發現另一件重要的事，那就是「光」。他們十分清楚自然光與燈光的影響力：自然光為人帶來活力，而燈光則是扮演營造氣氛的重要角色。

物品蘊藏著生命中每段因緣分而連結的特別故事。

對於自然光與燈光的重視，創造出令人感覺愉快、舒適的空間。智慧照明是不少人的選項之一，運用人工智慧科技自動調節照明度，達到最大限度的節能效果，追求兼具舒服與效率的生活。

光對空間來說之所以重要，不單純是為了照亮物體，柔和的光線能夠營造恬靜的氛圍。為什麼大家喜歡在氣氛好的咖啡廳聊天？正是因為咖啡廳擁有舒適的照明。構成空間的元素，除了像物品一樣有形的東西外，恰到好處的光線與溫度、清新的空氣等無形的因素，也發揮了很大的作用。據說，世界知名投資家巴菲特（Warren Buffett）的家裡氣氛舒適、溫暖，為的就是與家人們聚會與交談，他在家中就開始實踐自身重視溝通的價值觀。

有錢人在整理與布置家裡時，大多會像這樣擁有明確的計畫與價值觀。他們在居家整理時考量的各種因素，從如何整理與系統化，到自然光與燈光的影響、和諧的居家氛圍與溝通等，皆與他們的價值觀息息相關。

02

有錢人的家，為什麼都有書房？

書本，是展望世界的鏡頭

儘管有錢人的家會因個人的追求不同而展現獨有性格，但其中都有一個共通點：無論房子大小，他們的家幾乎都有「書房」。也許有人會想，「只要房子夠大，不只是書房，還可以有遊戲房、學習房，要什麼有什麼啊！」然而，倘若一個人沒有空間規劃哲學，就算房子再大，也只是模仿別人「看起來很好」的部分，很多時候根本不清楚自己真正需要的是什麼。

有次，我的委託人是三代皆為資本家的名人，他們住在一棟漂亮的兩層樓住宅，座落於僻靜的地段。房子的外觀相當氣派，但屋內的另一個空間才更令人印象深刻。雖然這是受委託要進行整理的房子，但在參觀的過程中我卻無法掩飾心中的驚嘆。

整間房子布置得非常精緻，每個房間都有屬於自己的性格。與其他房子明顯不同之處，是委託人夫婦女兒敏知的空間。夫妻倆住在一樓，敏知住在二樓；其中一個房間就像一座小型圖書館，另一個房間則是用來展示各種藝術品的小型藝廊，廚房裡也擺滿了各式各樣的烹飪書籍。

「室內裝潢相當獨特，也很大氣。」

我一說完這句話，敏知的母親便露出微笑。

「整理這間房子需要花很多時間和力氣。可能是我女兒經常在家工作，家人聚在一起的時間也很多，所以對家裡的一切特別費心。」

如她所言，確實能看得出他們為了整理這個家付出不少努力。比起盲目追隨流行，這家人尤其懂得賦予每樣物品珍貴的價值。每樣物品都在屬於自己的位置上散發光芒，為整個空間注入生命力。因此，整個家變得格外別緻，也更能強烈感受生活在這個房子裡的人所奉行的價值觀。

尤其是敏知的書房，更是別具一格。書櫃裡擺滿各種主題的書籍，從古典文學到自我啟發、經濟學、藝術等；光從打理整齊的書櫃，就能看出敏知對多元領域知識的重視，同時也是為自我成長、發展而努力的人。不久後，原本在房間內講電話的敏知走了出來，她先為自己沒能及時迎接我的到來致歉，接著帶我到安排好的座位坐下。敏知工作的空間同樣充滿各種書籍，書桌上也放著幾本，那些書彷彿在說：「我們拓展了她的知識與洞察力，也是引導她邁向成功人生的關鍵。」

敏知的書房是「讀書人」的空間，每天都有書會被拿起來閱讀，然後有新書的加入，舊書的斷捨離，不停循環的書房顯得生氣蓬勃。

這與只是用來當作擺書的場所，是完全不同層次。

「我從小就和爸媽一起閱讀，聽說祖父母與外祖父母也是愛書人。無論是去爸爸或媽媽的老家，都有非常壯觀的書房，所以我也在不知不覺中習慣了閱讀的環境。透過閱讀，我接觸到全新的世界。連我真正想做的事，也是在閱讀過程中發現的，甚至可以說是書創造了我的事業與人生。」

「您怎麼有辦法每天讀這麼多書？」

「閱讀賦予人生很大的意義。書送給了我新知識與洞察力，幫助我成為更好的人。同時，這也是獲得他人經驗、智慧的重要途徑。」

大人們閱讀的模樣，是陪伴敏知成長的景象，愈是體會閱讀的樂趣，讀的書就愈多。隨著閱讀理解能力的顯著提升，對於學習的助益更是不在話下。她表示，自己不僅擅長理解他人說的話，也總能聽懂弦外之音，這些都得歸功於閱讀培養出來的能力。

起初，敏知只是從父親的書房挑選各種主題的書籍閱讀，在這段過程中，她遇見打開自己視野的書，並且激發了新的創意與見解。最後，好想擁有專屬書房的她，決定在二樓設計一個獨立空間。於是，原本只有一間書房的家，就這樣變成兩間獨立書房。每當待在書房時，敏知都會有自我覺察的感覺，因此她更加熱衷於自我提升，而最重要的是意識到了不斷學習的重要性。

「從爸爸的書房獨立出來後，我感覺自己在精神層面有所成長，或許是創造了屬於自己的世界吧？爸爸現在也會來向我借書，聽說以前爺爺也是這樣，大概是某種代代相傳的傳統吧！」

敏知邊說邊露出燦爛的笑容。她接著說，即使是三代人見了面，也能因為書讓彼此的話題不間斷。藉由這樣的對話過程，自然地分享日常生活，了解彼此的興趣。敏知一家三代都在創造財富，而他們的共通點是每一代都擁有屬於自己的書房。透過閱讀，他們不斷累積知識與智慧；透過閱讀，他們發現這既是與世界溝通的橋梁，也是與他人共享經驗的獨門方法。

有錢人家的書房，有什麼特別？

為什麼有錢人家裡都有書房？與其他人的書房相比，又有什麼特別之處？無論是靠著繼承財產或是自己白手起家，他們都一致認同「知識與持續學習」的重要性；知識與學習，是有錢人們最重視的事。書房裝滿了各種書籍與參考資料，是他們對感興趣的領域持續學習與累積知識的空間。書房是一個充滿吸引力的空間，因為我們既能透過書發現新創意，也能針對各種主題進行更深入的思考。

和自己對話的思考空間

有錢人家裡都有書房的另一個原因，是為了利用書房促進自我啟發與創意。有錢人會在閒暇時間閱讀，激發新創意與見解。除了閱讀外，有些人也會利用書房享受嗜好，將這個空間作為畫畫、演奏樂器、寫書法等等，進行各種興趣的地方，得以藉此紓壓、度過快樂時光的書房，確實是絕佳的避風港。

書房雖是個人空間，但也是與工作有關的空間，他們會在書房處理業務相關的工作、準備會議資料、檢視業務文件等。書房，也是進行商業決策的重要空間，在影劇作品中，經常可以見到握有最終決定權的企業領袖，或思考是否進行投資等等，在書房裡沉思的畫面。

因此，對於有錢人來說，**在書房中，追求的是獨處時間與寧靜空間**。在現代社會中，行動力的快慢決定掌握資源的多寡。愈是過著快節奏、忙碌生活的人，愈需要可以舒適、安靜休息的空間，於是，書房便成了從現實戰場歸來後，專注擁有獨處時光的空間。

此外，書房也是家中最適合提升效率的地方。有錢人對時間的敏感度比任何人都來得高，他們會希望盡量有效率地利用擁有的能量，而好好整理過的書房可以幫助他們輕鬆找到所需資料、工具，提高工作效率。經過專業人士整理的書房，更能高效發揮專注力，幫助清晰的思考。

書房既是有錢人反映自我價值觀與興趣的空間，也是獲取知識與點子、啟發創意的地方，更是紓壓與享受寧靜之處；因此，**他們將書房視作為人生與事業帶**

來正面影響的空間。

如何整理書房？

我發現，有錢人或成功人士極為重視自我啟發與學習知識，因此他們更喜歡有效的利用書房。雖然不是所有人都採取同樣方法，但大致上會以「分門別類」、「建立保存原則」、「善用收納空間」、「定期更新」和「個人喜好」等原則來整理書房。從整理的角度來看，似乎與其他空間沒有太大分別，**但重點在於需要擁有一個「思考、學習、專注的空間」，那就是書房**。

書房為有錢人提供學習與拓展知識的空間，他們總渴望探索新創意與獲取專業知識。書房，是充滿一般書籍與專業書籍、參考資料的知識寶庫，更是用來應對新挑戰與累積知識、取得當前工作或事業所需資訊的戰略規劃室。對於期望透過人脈發展事業、投資活動的人來說，書房亦可作為溝通與開會的空間，以及與商業夥伴進行重要會議或訪談的地方。

無論哪種家，都能打造書房的空間

如果家裡有空間打造書房，不妨試試這麼做。

首先，從家裡既有物品中，分類出準備挪去書房的東西；整理好原本散落在四處的資料、文件、書籍，並丟棄或捐贈不需要的物品。確定騰出空間後，接著即是替書房建立收納規則，像是按領域分類書籍、按字母排序文件等，創造一套適合自己的系統。最後，則是善用適當的收納空間，有效利用收納架、抽屜等，整理所有物品。為了節省實際空間，不少人會選擇將書籍、文件數位化後，儲存在雲端空間。如此一來，既能騰出空間，又可以輕鬆獲取所需資訊。

即使目前沒有餘力打造一間書房，也不要放棄這個想法；只要將家中的可用空間變成「書房角落」，同樣可以營造出書房的氛圍。

1. 從臥室或客廳、陽台等處，選擇一個舒適的空間後，擺放書櫃或收納架來整理書籍。接著，設置舒服的椅子與靠墊、燈光，打造悠哉的閱讀環境。哪怕只是一個小角落，也能成為獨一無二的閱讀天地。

2. 善用多功能家具，使用折疊式書桌或工作台，即可在需要時獲得空間。
3. 善用牆壁，在牆壁安裝簡單的收納架作為書桌使用，擺放營造閱讀氛圍的裝飾品或印刷品。
4. 善用虛擬書房。使用電子書閱讀器或平板電腦閱讀各種書籍，隨時隨地都能進入數位書房。
5. 善用時間。在家裡有桌椅的空間（例如：餐桌），設定固定時間閱讀。

第四種和第五種的優點是用不需額外的獨立空間，可以多功能使用。與其因為房子太小而放棄，不如好好享受思考如何在既有空間創造新可能性的過程，同時也能提升解決問題的能力。

千萬不要忘記，無論選擇哪個空間作為書房，這都是有物品的空間，換句話說，這個空間需要持續的維持。**除了定期整理，也要檢查是否有不需要的物品，**

若無法創造獨立的書房，善用折疊式書桌或工作台也是不錯的選擇。

AWE-
SOME

努力讓空間維持在最好的狀態。書房的氛圍完全取決於個人喜好，不過，如果想在自己的專業領域成功並致富，則必須在書房加入專業領域的書籍或擺設激勵自己，而不只是單純的消磨時間。

「輸入」與「輸出」的重要空間

書，無疑是書房的核心所在，而「書房」，就是指稱「擁有書籍供閱讀或寫作的房間」。有錢人的書房會備齊各種主題與類型的書籍，按照主題、喜好分類書籍，並整齊存放在書櫃或抽屜。

當他們挑選書籍時，也會像挑選重要物品般，根據自身的知識與經驗慎重選擇。閱讀自我啟發、經濟管理、哲學、藝術等多樣領域的書籍，雖然可以獲取淵博的知識，但由於時間有限，因此在選書時會精心挑選。

書房對於激發創造性思維和創意發展，扮演相當重要的角色。書房充滿各種書籍與資料不僅刺激創造力，還能擴展大腦負責製造新創意的突觸（synapse）。有錢人或成功人士經常面對難題，需要為此擬訂應對策略，書房即是充滿創意與解決方法的地方。因此，他們格外重視在書房透過文字表達與整理自己的想法，藉由文字可以使想法結構化、具有邏輯性的傳達，將思路整理得更加清晰。

即使是成功人士或有錢人，也不會擁有無限的能量。對他們而言，休息與放鬆不可或缺，在書房看書休息、度過悠閒時光，是補充所需能量的時候。在這段時間裡，與自己對話、思考人生目標與方向，啟發內在成長——書房，是驅動他們成功與致富的重要空間。無論是為了知識與學習、商業與資產管理、休息、與家人交流等，書房顯然是一個豐富且有意義生活的基石。

既然書房是為了閱讀與寫作、釐清思緒的空間，建議可以營造成適合閱讀的舒適氛圍，布置舒服的椅子與書桌、燈光等，避免過於嘈雜。有些人喜歡將書房的氣氛布置得像藝廊一樣，無論是藝術品或照片的展示，似乎都能為空間注入更多創意與靈感。

不過，維持空間的整潔比創造什麼樣的空間來得更重要！定期清理灰塵、整理書籍並保持物品整潔，如此一來才能真正發揮空間的價值。

03

選擇優質的物品，珍惜並長久使用

培養選物的眼光

有錢人家中，有很多好東西，而這裡說的「好東西」，並不只是指昂貴的東西。這些物品反映出自我的價值觀與目標，也因此，他們特別喜歡能夠長久使用、高品質、值得信賴的物品。恰如選擇投資標的一樣，選擇物品時也會特別注重經過慎重驗證的價值。

有錢人家確實擁有不少名牌，但購買的原因往往不是單純為了名氣、高價。

如果是品質好與耐用、長期使用也不會貶值的產品，通常就會毫不猶豫地購買。無論挑選任何物品，「價值」都會是有錢人們的優先考量；從這個意義上來說，名牌就是一個人的價值與成功的象徵。

學會挑選好看、不退流行又好用的物品

成功人士透過擁有名牌表達對於成就的自豪，並提升自信。優質產品本身就具備精緻的設計與風格，而且無論經過多少時間，也大多能維持原有價值或升值。因此，成功人士也會基於投資考量而選擇名牌，從他們擁有的物品來看，機能性與實用性的表現都十分出色。他們選擇的不只是外觀亮眼的物品，而是符合自身需求且方便使用的物品。

置身於物質富足的世界裡，有錢人如何選擇適合自己的物品的眼光，值得我們學習。關鍵不在於有沒有能力負擔某個物品，而是再多錢也買不到挑東西的眼光，所以「眼光」的價值遠遠超乎物品本身。就算擁有再多錢，沒有好眼光也很難挑到好東西。相反，敏銳的眼光則能讓人發掘物超所值的物品。

因此，與其眼紅有錢人的物品，倒不如學習他們的好眼光。他們猶如搜集藝術品般，以細膩的手發現美好的物品，並為蘊藏其中的故事與情感動容。挑選物品時，有錢人尤其享受將平凡的日常素材轉變成超越時間、空間的獨特物品。有時，即使是一本簡單的書，也足以被視為森林裡的祕寶。他們的雙眼對細微的細節十分敏感，甚至能在細微之處發現獨有的美麗。

另外，有錢人挑選物品時，不會只執著於表面的價值，更不會被一般的流行趨勢誘惑，而是根據自己的感覺與內心聲音謹慎選擇。眼光好的人所挑選的物品，會超越時間、空間，無論在任何場合都能散發光彩。

培養好的眼光，就像在日常生活發掘隱藏的寶石，猶如一場甘霖滋潤乾涸的大地般，猶如一朵從土地長出的鮮花散發芬芳般，講述著屬於自己獨一無二的故事。哪怕只是細品一杯香茗，也足以創造一場心靈饗宴。挑選物品固然是由感性主導的選擇，其中卻也充滿了智慧與理解。因為，這不只是百分百依賴感性的行為，而是唯有從根本上理解美，並且察覺每樣物品背後珍貴的故事時，雙眼才能看得透澈。

用這樣的雙眼精挑細選出來的每樣物品，都能使我們的人生變得更加精彩。

有錢人家爲什麼收藏古董?

有錢人在使用與處理物品方面也有特殊的方法。換言之,他們會選擇好東西並好好珍惜、保存。根據物品的價值妥善的對待,並在使用後保持狀態的完好,透過定期清潔與檢查維持狀態,並在必要時進行保養、修繕。品質好的產品經得起時間的考驗,所以只要保管得宜,自然可以長久使用。

除了品質的維持,有錢人對物品的使用上也有靈活的思維。他們的物品往往不只用於單一目的,而是在各方面多加運用,不僅提高物品的使用率,更會毫不猶豫地嘗試各種新穎的使用方式。

對待物品的態度,帶來真正的富有

擁有大筆財富的人,大可直接買過全新的東西就好,何必花費這麼多心力?長久使用的物品與使用者之間會產生所謂的「感情」,正是因為有了共同的經歷與回憶，所以才顯得格外珍貴。

有一說是「財富會跟隨珍惜自己的人」，因此，不懂得珍惜財富或人、物品的人，永遠不可能致富。另一個原因，則是情緒層面的安全感；與熟悉、信賴的好東西在一起時，會使人感到安心與自信。

實際上，我拜訪過真正有錢人的家裡，他們的東西反而很少。原因在於，**比起對物質的執念，他們更在乎的是對時間與價值的深入思考**。有些有錢人甚至認為，擁有太多東西會妨礙他們獲得真正的富足。置於家裡的古物，體現了有錢人對時間價值的尊重，符合他們追求長久價值而非暫時滿足的價值觀。換言之，培養靈活應對瞬息萬變的能力，比過度依賴物質來得重要。

過去拜訪坐擁百億資產企業家的家時，我看著他從抽屜裡拿出一枝鋼筆，眼神彷彿凝視著珍藏的寶物般。我原以為是多麼稀有的鋼筆，沒想到是連我也知道的品牌；雖然不是什麼平價商品，但比起其他名牌，它並不算貴。更重要的是，他珍而重之的態度，想必是因為有這枝鋼筆伴隨的回憶與情感格外珍貴、有意義，所以才一直被珍藏著吧？

惜物的有錢人往往不會輕易被新事物動搖，並且相信物品的價值不會隨著時間改變。**他們會與自己擁有的物品建立長久的情誼，而不是任由自己栽進消費的墳墓裡**，也相信物品能夠反映自己的人生與價值，不會隨著歲月的推移失去情感與價值，他們珍視與這些讓生活更美好的物品一起度過的旅程。

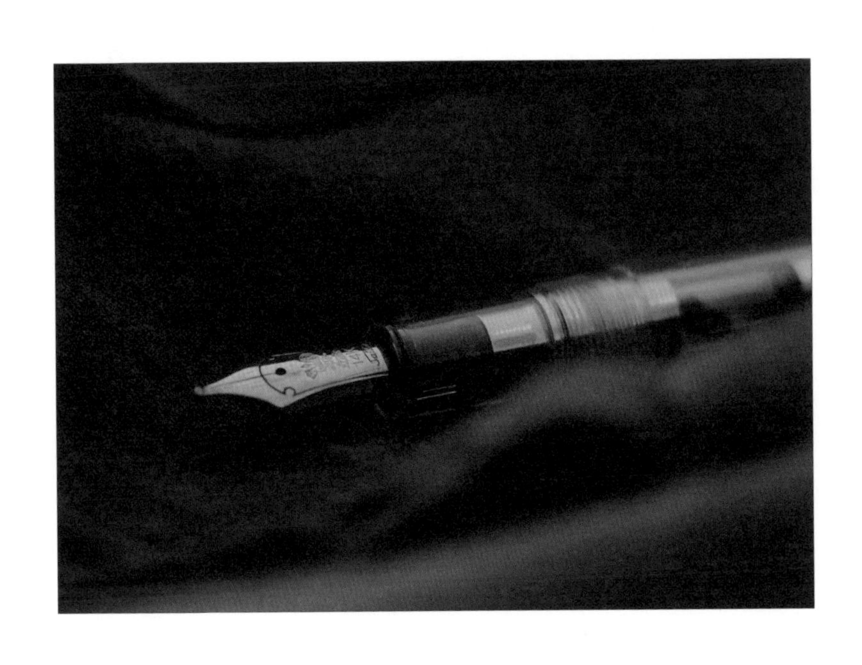

有錢人會與自己擁有的東西建立長久的情誼，而不是隨意丟棄。

04

對於有錢人家衣櫃的幻想

明明穿不完，卻一直想買新衣服

整理家裡時，衣服是最花功夫也最令人苦惱的部分。更奇怪的是，收納衣服的空間好像永遠都不夠，即使額外設計了更衣室，通常也只能暫時維持一段時間，衣服很快又會溢出空間之外。

儘管如此，我們依然覺得自己沒有衣服穿，非得逛遍百貨公司與網路商店不可。雖然無法釐清究竟是衣服的問題還是人的問題，但如果買了又買、買了又買，卻始終沒有一件衣服滿意，那就是問題所在了吧？

為什麼時常找不到想穿的衣服？

我們先思考一下，「整理衣櫃」這件事的意義是什麼？只是單純為了將我們的衣服收納得漂漂亮亮嗎？如同前文提過許多次，整理衣櫃僅是整理衣服這項偉大工程的一部分，因為收納只是整理的其中一環，並非整理本身；更何況衣物的種類，還包括皮帶、帽子、手套、圍巾等等。

話雖如此，使用「衣櫃」概括一切的原因，也是在提醒我們不要忘記它本身作為「空間」該具備的功能，因此無論是放在抽屜或衣櫃、掛在衣架上，希望大家記得，這些衣物都屬於「衣櫃」的概念。

俗話說「人要衣裝，佛要金裝」，衣服雖能改善與保護身體的缺點，可是一旦穿錯了，反而會自曝其短，甚至搞得渾身不自在。很少有東西像衣服一樣能夠迅速流行又備受關注，尤其我國的人對於時尚似乎特別敏銳。如果問一問到韓國旅行的外國人「對韓國印象最深刻的是什麼？」答案絕對少不了「這裡的人看起來很漂亮也很帥氣」；我們確實對服裝很重視，也將好好打理自己的外貌與穿著視為一種「自我成長」。

因此，衣服在我們的生活占據了重要位置，而衣物的數量更是在家裡占比最重的物品。關於整理衣服的方法，在許多影片與書籍都有介紹過了，像是直立收納毛衣、三秒摺好T恤等，不少內容都相當有趣又奇特。

學習整理的方法，是必要且有益的；掌握整齊摺疊衣服的方法，不僅實用，甚至還能減輕壓力。但比起這些，對於衣服很多或覺得整理很難的人來說，或許更需要學習的是對待衣服的心態吧？

整理衣服時，我希望各位同樣能把家裡的所有衣服都拿出來。

如此一來，才會驚覺自己原來有這麼多衣服，才會驚覺原來有這麼多好幾年沒穿過的衣服，才會驚覺怎麼每個房間都有根本忘記何時買過的衣服，甚至還有不少連吊牌或包裝都沒剪掉、拆開的新品吧？究竟何時才能穿完這麼多衣服呢？

明明擁有一輩子也穿不完的衣服，但想買新衣服的心情卻從未消失，根本不是因為沒衣服才買，而是單純想買新衣服。雖然擁有衣服的總量超過實際穿上它們的機會，同時又面臨令人哭笑不得的現實——擁有的衣服比適合自己的衣服還要多。就像怎麼吃也不會消退的飢餓感一樣，買再多也覺得不夠，這樣是不是有什麼問題呢？

既不想穿、也無法乾脆斷捨離的爆滿衣櫃

特地把一個房間當作更衣室的多惠，衣櫃裡掛的卻全是廉價衣服。按照顏色掛好的那些衣服，顯然都是一時興起從電視購物頻道買回來的產品，但怎麼也找不到一件想穿的。

明知道該斷捨離不需要的衣服來整理衣櫃，卻不知道從何下手，一下拿起這件衣服又放回去，一下拿起那件衣服又放回去。既不是因為衣服很貴，也不是因為特別喜歡，衣櫃裡通通都是只要幾萬韓元就買得到的衣服。就算只是瞥一眼，都能看出縫線參差不齊、設

計粗糙，甚至連材質也很差，不難理解為什麼多惠明明有幾百件衣服，卻沒有一件滿意。

「用這些錢去買幾套比較優質的衣服，應該可以穿得更開心。」

我深感遺憾，但對於無法決定什麼該丟、什麼該留的她，也無能為力，因為決定物品的去留是主人的責任。決定拖得愈久，整理的進度也會愈慢，那天的整理工作直到很晚才結束。回家的路上，內心莫名感到悲哀。

雖然多惠向我呈現的不是她的生活全貌，我卻感覺自己窺見了多惠現在過著什麼樣的生活。於是，這不禁讓我反問自己：

「我現在有正確的消費嗎？」

「這樣的選擇與決定合理嗎？」

「哪些地方因為一直拖延沒有整理，而堆積了不需要的東西？」

這些問題讓我的思緒停不下來。經過幾天的思考，直到我意識到整理終究與心靈層面相關後，才終於放下內心的包袱。

如果你問我：「整理衣櫃這種小事，有嚴重到得和心靈牽扯在一起嗎？」我會回答：「有！」如果各位不明白這是什麼意思，請先打開自己的衣櫃門，看一看裡面的狀態。當生活一團亂時，衣櫃也會一團亂，當一個人愈久沒有好好照顧自己，衣櫃愈亂。這很奇妙，但事實就是如此。

眞好奇他們的衣櫃是什麼樣子

成功人士是否也和我們一樣，對於衣服與衣櫃、更衣室有相同的煩惱嗎？有錢人的衣櫃長什麼樣子？或許有人認為，整理就是把衣服收進衣櫃，哪有什麼特別？但不得不說，深刻理解衣櫃整理的必要性與重要性後，確實有其獨特之處。

無論是否富有，衣櫃都是每個人日常常用的空間，因此建議要隨時保持乾淨、整齊，衣櫃的狀態會對成功的形象與自信產生影響；相反的，當衣櫃亂七八糟時，我們也會感覺自己失去人生的主導權。其實，許多人來委託我進行居家整理時，都是基於「衣服多到吊衣桿都斷了」、「衣櫃好像快爆炸了」、「找衣服太累了」之類的原因，可想而知，衣服對一個人來說是多麼重要的存在了。

衣櫃的狀態，顯示你有多了解自己

只要看一看有錢人的衣櫃，那種井然有序的狀態就已經反映出他們成功的人生與生活風格。他們認為，有效率地選擇衣服並妥善保養，不僅能節省時間與精力，這樣的過程更有助於強化自身形象與風格。

定期整理衣櫃，斷捨離不需要的衣服，並追求少量但實用的優質衣服，是有錢人體現生活風格的方式。衣服只是一種途徑，透過衣服過著更豐富、更有條理的人生，才是最終目標。

我曾經也以為，有錢人家的衣櫃裡一定都有非常多衣服。但令人意外的是，實際接觸後，並不會感覺他們衣服很多；當然也有人的衣櫃爆滿，不過這種狀況十分罕見。

簡單來說，他們會選擇用買十件品質普通衣服的錢買一件好衣服。有錢人會精挑細選真正適合自己的衣服，並且盡量減少購買數量，為衣櫃騰出足夠空間讓衣服呼吸。衣櫃是更衣室的一部分，在整個空間裡維持協調性。

衣服多就能給人富有的形象嗎？當然不是，因為維持整潔、可靠的形象才更重要，衣櫃也是如此。把衣櫃塞得滿滿不等於富足，但當你把衣服保養得整潔、有品味時，才會感受真正的滿足。唯有經過高效整理的衣櫃，才能讓人一眼看見需要的東西在哪裡，輕鬆挑選想穿的衣服。

有錢人的衣櫃彷彿是一本講述美好故事的書，充滿豐富的情感，原因在於，他們不會將衣櫃單純視作存放衣服的地方，而是認為這是展現自我與體現美好的空間。除了衣服之外，空間本身散發的泰然才是真正的享受。

他們的衣櫃裡當然都是高質感的衣服，但不會只執著於品牌與價格；不管衣服再貴、再有名，也不會把不適合自己的衣服放進衣櫃。衣櫃只用來收納符合空間氛圍的適量衣服，不需要的東西則通通丟掉。井然有序的空間就像藝術品一樣，和諧又不失美感。

有錢人整理衣櫃的方法

有句話說「致富始於改變心態」；從有錢人整理衣櫃的方法，可以學到哪些價值觀與心態？是不是能像在家裡打造書房一樣，透過整理衣服得到自我成長的領悟呢？

一個有自信又有風格的衣櫃

整理衣櫃，有助於高效選擇與管理，以及強化形象與信心。藉由減少不必要的消費與選擇優質的物品，提升生活滿意度，養成整理衣櫃的習慣，也能有效提升自我風格與形象。定期整理衣櫃與管理衣服，讓時間獲得更有效率的運用。藏在有錢人衣櫃裡的祕密，大致上有兩個。

第一，確保空間充足。即便是再大的衣櫃，一旦被塞滿了衣服就會開始失去秩序。千萬要記住一點：「整理衣服」追求的是空間的整齊，而不單純是為了把衣服掛好或摺好。只留下適合自己的衣服、品質好的衣服、隨時穿都覺得滿意的衣服，如此一來才能保持衣櫃、居家以及內心空間的整潔與舒適。

第二，依照實用性與使用頻率分類。將常穿的衣服放在方便取得的位置，不常穿的衣服則收納於上、下層。根據衣服的類型與材質選擇適當的保存方式，像是禮服或連身褲等設計獨特的款式，必須與其他衣服分開掛好，並且使用材質通風的防塵罩覆蓋材質細緻的衣服，避免損壞折舊。

如果能有足夠的空間收納衣服當然很好，這樣就算換季也不必更動，但在空間有限的情況下，則必須養成按照季節整理與保養衣服的習慣。

避免衣櫃再度爆滿！整理後的維持方法

有錢人深刻體會整理與管理衣櫃的好處，也意識到這對成功人生的影響力。整理衣櫃不僅增加使用衣服的便利度，更對他們的人生與成就帶來正面影響。只要大家整理過一次衣櫃，往後要在自己的衣櫃裡添購哪些衣服，一定會經過深思熟慮。

但是，如果照以往的消費慣例、買得太多，超出衣櫃的有限空間，轉眼又會回到亂七八糟的狀態！以下提供幾個有用的技巧，幫助維持整理後的衣櫃秩序。

首先，選擇兼具實用與風格的衣服。重點在於選擇適合自己需求與品味的衣服，並盡量減少購買不適合自己的衣服、永遠不會穿卻只是想擁有的衣服、趕流行的衣服。經過這樣挑選的衣服，通常能穿很久。裙子、褲子、襯衫、雪紡衫、大衣等，都是適合常穿的基本單品，其餘可以等到價格合理時再購入，並隨時調整搭配方式。

定期整理衣櫃後，接著便會開始思考如何打造自己的風格。有錢人藉由選擇與管理符合自己喜好與品味的衣服，強化自己獨樹一格的形象。因此，他們格外重視衣服的品質與設計，寧願高價購買質感好的衣服，也不會隨便花錢買一大堆廉價的衣服。

質感好的衣服不僅可以穿得更久，也有助於提升個人形象。愈是從事專業工作的人，其服裝愈容易被解讀為社會標誌，正確的穿搭，就是塑造理想形象的第一步。即使不是昂貴的衣服，搭配得宜也能成功吸引目光，同樣穿著牛仔褲搭配

有錢人的衣櫃彷彿是一本講述美好
故事的書，豐富而美麗。

T恤，就是有人能穿出幹練、時尚的風格。

最後，要買或穿哪些衣服固然重要，但如何保養它們也同樣重要。從衣櫃裡拿出來再放回去的衣服，必須澈底清洗並檢查是否變形、損壞。光是做好衣物的保養，就足以改變失控的消費習慣。透過高效管理衣服，學習如何更明智地利用資源與時間，最重要的是，減少不必要的壓力與混亂。如果每次打開衣櫃挑衣服時，總是讓你覺得煩躁、嘆氣，那就是時候要好好整理一下了。

05

打造一個招財轉運的空間

重點在於空間，而不是物品

成功人士或有錢人整理家裡、打理空間的原因，並不是為了購物或置放物品，而是因為他們充分體認到空間的價值。因為他們知道經過整理的空間，會帶來好運與散發正能量，所以如此重視。他們不只會把家裡整理得井然有序，還會定期尋求整理諮商，因為他們深刻體會到，愈是整理、愈能感受更好的生活，心理就愈安定，就愈能提升效率與創造力。

一旦家裡堆滿東西，這個家的主人就是物品，而不是人。非但無法與家人好好享受「家」的空間，甚至還得飽受整理物品的折磨；今天移到陽台、明天移到儲藏室，只有擺放的位置改變，卻改變不了整個家被物品占據的事實。換句話說，在整理物品前，先設定好適合每個空間的物品份量和數量，才是最重要的關鍵。

讓每個人在家裡都感到有餘裕的舒適

求學時期，我身邊有個成績很好的朋友。神奇的是，他非常清楚每科需要花多少時間複習、如何掌握重點。相比之下，成績不太好的我經常虎頭蛇尾，往往只有一開始全力衝刺，後來因為時間不夠，根本來不及複習後半部的內容就去考試了。結果不出所料，考試題目大多是我來不及看的部分。

「到底為什麼會這樣？」

我苦思了很久，但後來依然發生過不少因為時間分配不均，導致自己陷入困境的經驗。於是，我終於領悟一個重要的道理——這不只是整理的問題，而是人生的課題。就像投資需要慎選標的，買房需要慎選地段一樣。與其擁有十間令人煩心的房子，不如聰明地掌握一間保證收益的房子；同理，與其用粗製濫造的東西塞滿空間，不如就讓空間空著。起初可能會因為沒東西而感到空虛，但一定能夠逐漸體會寬敞與舒適的空間感所帶來的自由。

有錢人認為，舒適、寬敞地使用居家空間是相當重要的事。擁有足夠空間的家，不僅讓家人生活得更舒服，行動也會更自由。空間感十足的客廳、舒適的廚房、寬敞的臥室與浴室，皆有助於擁有安心的居家生活。每扇窗都有充足的採光，舒服的椅子也被放在適當的位置；既有一家人相處的空間，也有各自獨處的空間。

此外，保留發揮創造力與生產力的空間，也是不容忽視的部分。家裡設有書房與工作室，藉以實現想法、經營事業與執行創意項目。即使有些人會嚴格劃分家庭與工作的空間，但這只是盡量減少在家工作，並不是完全不處理公事。

他們將家設計成一個可以獲得心靈平靜與幸福的空間，有些家庭也會特地打造景色優美的庭園或陽台，或是可以休息與冥想的空間；這樣的空間有助於擺脫日常的壓力與矛盾，並獲得精神層面的穩定與快樂。有些人享受住在公寓的便利，有些人則選擇生活在擁有美麗庭院的房子。與家人一起在庭院散步、聊天、閱讀的時光，令人格外平靜與幸福。有時，也可以邀請客人一起舉辦烤肉派對。

營造空間的流動與氛圍

如果希望居家變成招財轉運的空間，而不是囤貨的倉庫，該怎麼做才好呢？只要改變居家環境與裝潢、整理物品的方法等，就有辦法讓家裡變成感受得到成功氣息的空間嗎？

雖然很難說是絕對的法則，但不妨試著看看已經成功的人是怎麼做、現在生活在什麼樣的空間，藉此學習可以運用的智慧。就算無法立刻改變家裡的一切，依然可以逐一挑出做得到的去實踐。在實際開始整理前，我們必須先描繪一幅平面圖，確認自己想要打造什麼樣的空間，如此一來，才能不光只是挪動物品，而是真正的重新調整空間。

流動性、氛圍感、同色調，立刻打造好運屋

第一，營造居家空間的流動性。注意物品與家具的擺放位置，確保室內的動線順暢。

舉例來說，將書櫃或其他東西擺在門後會妨礙開門，因此建議不要在門的周圍擺放任何物品，保留順暢的通道，確保可以輕鬆打開門。另外，**若有任何物品導致不方便開窗，也請移開那些東西。**也許就是這些不必要的東西，阻礙著我們需要的運氣到來。

就如同當我們充滿活力時，所有事情都會迎刃而解一樣，空間也有屬於自己的磁場。基本上，買房時會優先選擇坐北朝南的房子，原因在於良好的通風與採光，能讓環境的氣場自然流通；如果是這樣的房子，只要把雜物清一清就能重現生機。

想像一下恐怖片經常出現的鬼屋，是不是都會有一堆看起來陰森、黑漆漆的舊物，甚至不知道地下室有什麼東西。家裡到處都是淒涼的棄置空間，絲毫不見溫暖的雙手精心整理過的痕跡。

有一說是有錢人在挑選新房子時，只要鄰居的家門口堆了一堆雜物或沒有經過整理，無論是再好的房子，他們也不會搬進去。每天生活的空間，對我們的影響比想像中來得更大。當一個人置身於明亮的環境，心情自然就會變好；整天活在陰暗的空間，情緒也會變得低落。

你在心情憂鬱時，是不是會不自覺地拉上窗簾，讓所處空間變得昏暗呢？試著打開家中的門窗，觀察一下空間的流動是否受到任何阻礙。

第二，創造居家空間的氛圍感。音樂與燈光對於提升豐富的能量與增強創造力有很大的影響，選擇帶來正能量的音樂，並善用燈光改變室內氛圍。

就我曾造訪過的有錢人家來說，他們總是會在家裡播放著輕柔的古典樂。音樂與燈光是可以用最低成本取得最佳效果的設備，甚至只要改變一、兩盞燈，就能使整個空間的氣氛煥然一新。近來，隨著人們對照明設備的興趣愈來愈高，功能齊全卻不昂貴的產品也十分暢銷。如果能在桌上擺一盞有品味的小燈，家裡的氣氛也會變得更加溫馨。

第三，是色調的選擇。如果下定決心翻新室內裝潢，請多花點時間思考這一

色調是決定空間氛圍
的關鍵因素。

點。不一定要拆除牆壁與地板，但務必先行確認家裡的家具是以哪些色調為主，擺設與收納空間的顏色是否統一。

單獨看每樣物品時都會覺得很好，但奇怪的是整個家看起來卻眼花撩亂，這是因為色調不一致造成的雜亂感。就像在畫紙上作畫一樣，必須先決定背景顏色，然後再挑選點綴的重點色。

我建議背景盡量選擇活潑、明亮的顏色，無彩色雖能使人平靜，卻無法發揮提升能量的作用。對選擇顏色沒有信心的人，不妨就以最基本的白色為背景，再用自己喜歡的顏色稍微點綴一、兩處就好。

◆◆◆

以上三點，就是營造家中空間流動度與氛圍感的祕訣，如果沒有整體統一的感覺，即使把東西整理得再好，依然會顯得雜亂無章。

「我們家怎麼整理都整理不完，真的不知道怎麼辦……」

有這種困擾的人，往往是因為只整理了物品，但其實真正需要的，應該是整理空間。

決定家中每個空間的目的和功能

擁有成功人生的人，目標與願景都十分清晰。如果在不清楚自己想要的是什麼、不知道自己該做什麼的情況下，高談闊論著自己「好想成功」，那這就只是一個願望，很難被視為是付諸實現的行動。

既然希望將自己生活的家打造成為招財轉運的空間，首先得設定明確的目標才行。換言之，就是在這個空間中明確定義出自己的期望，並詳細規劃希望藉由這個家獲得什麼樣的好運。

讓家幫助你達成人生的夢想和目標

名熙說，她希望這個空間的最大目的是保持正能量。三年前決定辭職創業的她，隨著工作愈忙，愈無暇顧及家中大小事。後來，名熙有天回家時才發現蒼蠅飛來飛去，堆積的待洗衣物已經散發出一股酸臭味。

「我覺得自己的生活失衡了。要處理的工作好多，但在家卻完全沒辦法休息，真的想要休息的時候，我會去住飯店。家，漸漸變成我想逃避的空間。直到後來，有一次客戶招待我去他們家，從踏進玄關的那一刻到正式開始用餐，我才真正感受到『家』帶來的舒適和平靜。這對我來說有點衝擊，原來家可以這麼美好啊……那天，我和客戶聊了許多關於家的話題。」

名熙告訴我，她在客戶家裡不僅獲得充分休息，也補充了很多能量；這位客戶相當重視透過與家人互動，藉此獲得心靈層面的穩定與平靜。

「回家後，我還是一直想起我們聊天的內容。看著亂七八糟的家，我開始懷疑自己究竟是為了什麼而努力生活。表面上看起來風光，實際卻承受著很大的壓力，這個家簡直就像我自己一樣。」

整理名熙家的時候，我最在意的是她想要什麼樣的空間，直到整體氛圍已經確定、每個房間的目的也相當明確為止。在此之前，她的家根本分不清哪裡是臥室、更衣室，廚房與客廳間也沒有明確的界線。所謂的書房，實際卻像雜物間一樣堆滿東西，鞋子也凌亂地散落在未經整理的玄關。

首先，我們將三房之中的一個房間整理成臥室。依照名熙的希望，盡量減少刺激、有助於提升睡眠品質的需求，盡可能刪減臥室的物品數量，將需要的東西通通收進抽屜，避免外露。名熙為自己準備了一組品質很好的寢具，光是換掉原本那條五顏六色的棉被，就已經為整個空間找回整潔感。

第二個房間是更衣室。基於工作性質，經常需要開會的名熙擁有不少正式的套裝，而且設計與色調看起來幾乎一樣，就算穿了不同的衣服出門，大概也會被認為是同套衣服。

我們淘汰掉了一些相似到幾乎無法分辨的舊衣服，從快要爆炸的衣櫃整理出空間後，統一使用設計簡約的防滑衣架，空間氛圍自然變得煥然一新。在吊衣桿上預留一個位置，以便提前掛好隔天要穿的衣服。連包包與鞋子都擺得整整齊齊後，專屬名熙、如同專賣店的「showroom」便大功告成了。

「以前我連一步都不想踏進更衣室，現在則是實在太喜歡了，無論多累，我都會在更衣室換衣服。整理好當天穿過的衣服後，再將它們一一掛回衣架，那種安全感，就像我的人生也回到正軌一樣。」

第三個房間則是書房。為了能與外國客戶順利進行視訊會議，我們在此設置了書桌與電腦，並整理好書櫃上的書籍。名熙說，有次與英國客戶視訊會議時，對方對於出現在畫面裡的書籍很有興趣。

一問之下，才知道對方對韓國文化的朝鮮白瓷很有研究，結果竟然在名熙的書櫃上看到讓他感到興趣的書。更令人驚訝的是，那本書是對方一直在尋找的攝影集。名熙爽快地答應把書送給對方，為當天的商務會議畫下完美的句點。

「如果視訊會議當初是在公司進行，那我就失去這個機會了。而且我也不必再為了配合時差，一直留在公司待到很晚。早點回家後，可以先稍微休息一下再開會，也就不會那麼累。沒想到我的生活會改變這麼多。」

名熙說，自從好好劃分了吃飯與睡覺、洗澡、休息的空間後，她也改掉隨手亂放東西的習慣。曾經覺得物歸原位很麻煩的她，現在慢慢養成整理習慣後，反而覺得舒服許多。畢竟，現在她再也不必為了找一個指甲剪翻遍整間房子。

最值得開心的是，這個家已經成為名熙靈感來源的空間。隨著喜好變得愈來愈明確後，家也逐漸成為展現名熙個性的空間，她甚至還會邀請客戶到家裡坐坐，這可是以前連想都不敢想的事。

「每天早上起床後，我會稍微整理一下臥室，然後開窗讓新鮮空氣流通。就像每天洗澡一樣，我們也需要替房子洗洗澡。接著，我會對這個家說聲謝謝。這個家，為我帶來很多好事。我希望未來能把公司發展得更好，所以如果想達成銷售目標，我必須更努力才行。現在的我，也有勇氣去實現這一切了。」

名熙開始懂得運用有錢人進行居家整理時認為真正重要的事，像是清潔與整齊、選擇有價值的物品與藝術品、對書房的重視等。她終於明白，「家」這個空間不僅能帶來財富，更可以讓人們過著幸福、精彩的生活。她的家將成為充滿財富與好運的空間，一天比一天帶來更多的自信和快樂。

第三章

讓家裡空間變成兩倍大的整理術

01

在生活中保有餘裕的心境練習

抵達山頂、改變角度後，才能明白的事

這是很久以前的事，我與向來信任的同事發生了衝突。人際關係的不如意，導致工作也不順，內心累積的怒火，讓我腦中的思緒變得愈來愈雜亂。原本以為人與人之間的相處就是坦誠以對，但對方卻不是如此，我覺得只有自己像個笨蛋一樣。

獨自生了幾天悶氣後，我決定出去走走散心。本來打算開車兜風、整理一下思緒，結果在十字路口等紅綠燈時，看見了出現在眼前的一座山，那是我一直想

找一天去，卻老是用忙碌當作藉口而沒去成的地方。我把車停在山腳下的停車場，繫緊鞋帶後便朝著登山口前進。

那座山並不高，不過，與表面上看起來不同的是，上坡路相當陡峭，山谷間也有溪水流淌。也許是那段時期的我體力不太好，才走了三十分鐘就開始喘不過氣。別說要眺望遠方了，我甚至連眼前的樹都無暇欣賞，只是死命盯著自己的雙腳往前走，一步、一步，是我當下唯一專注的事。雙耳聽見的只有自己的喘氣聲，雙眼看見的也只有地上的泥土。

不知道過了多久時間，原本愈來愈陡的上坡路，卻在某個瞬間突然變得平坦，終於到山頂了。直至此時，我才終於抬頭望向眼前的景象。

「哇！天啊！一眼就能看得清清楚楚耶！」

我不自覺地發出一連串的驚呼。剛開始爬山時，只顧著專注自己腳步，我甚至連一棵樹都看不見，但站上了一望無際的位置後，四面八方盡收眼底，那是從來沒有感受過的舒暢與涼爽；從山頂看到的景色，與置身山中看過的景色完全不同。

我當時就像封閉已久的人突然被釋放般，只想到處跑跑跳跳，盡情享受眼前的美景。在浩瀚的天空底下，房子小得像玩具一樣，車子也像勤勞移動的小螞蟻，我覺得自己就是來到小人國的格列佛。涼快的風，吹進我的雙臂之間，原本紊亂的思緒，似乎也被風吹得一乾二淨，一直以來纏繞著我的那些事，忽然像魔法般變得微不足道。我就這樣待在原地，用眼睛與心盡情記錄遼闊的景色，直到內心平靜下來。

那天的事，我久久無法忘懷。**雖然現實情況完全沒變，但我改變了自己的心境，所以一切也變了。**看待事情以不一樣的視角切入後，才發現也不全然無法理解。雖然有幾件麻煩事需要解決，但其實也沒那麼麻煩、困難。我想，人生在世難免會遇到這種事吧！原本煩躁的情緒，也變得平靜不少。

「好吧，試著重新開始。」

抱持開放心態去看待一直以來煩惱的工作與關係時，才終於看清自己其實也有做錯的地方。老實說，以前的我總覺得別人不懂我，是對方的錯，但當以透澈的眼光去看待這一切時，才意識到自己也是好幾次衝突的催化劑。總算明白，在追究一件事的是非或一個人的對錯前，自己也有需要改進之處；原來自己一直以來根本完全不了解對方的立場，就妄下定論。

「其實，我還滿小氣的……」

我突然覺得有些愧疚。在此之前，前往客戶家裡進行整理時，我經常會不以為然地想：「明明住在這麼寬敞的房子，卻堆滿不需要的東西，為什麼要把自己的生活搞得如此狹窄？」我自以為對他人的空間瞭若指掌，實際上卻看不到自己內心的空間。當我認真整理別人的家時，卻在自己內心的家堆放了許多無用的想法與煩惱。

我終於明白了過去那段時間，為何老是沒來由感受到無以名狀的惱怒，原來，缺乏空間的內心，會使人失去餘裕。

空間的放大與縮小，也是心態問題

站在山頂眺望遼闊的景色時，我再次意識到自己的心胸有多麼狹隘。當下的我不禁笑了，原來「改變心態」這麼簡單，究竟是什麼撼動了我曾經堅定不移的思維，讓它變得如此靈活呢？其實我「只是」去爬了一座山，然後用開闊的視野欣賞風景而已。

然而，回想事後發生的一切，我認為這絕對不能說是「只是」。因為我終於領悟到，光是離開熟悉的空間並體驗新空間，都足以改變一個人的行為；只要試著站在另一個空間，想法就會變得完全不一樣。

感覺卡住的時候，離開平常的空間看看

「立場不同」是大家常說的一句話。立場這個詞，是由站立的「立」與場所的「場」所組成，直接從字面上來解釋的話，指的就是「站立的場所」。一旦改變站的位置，看見的景象也會不同，就像在山頂與在山中見到的景色各有千秋般，我們所見的一切也會因自己站的位置而有所改變。實際翻查字典裡的「立場」，解釋是「批評、觀察或研究某問題時所處的地位和所保持的態度」。

當立場不同，彼此看見的不一樣時，看法自然很難一致，面對事物的解釋也

會不同。人們習慣僅憑自己的雙眼所見去思考，於是，只有單一觀點的人，其思維必然比擁有兩、三種觀點的人來得狹隘。恰如盲人摸象的故事，所有人都堅信自己知道的就是一切，但正因為看不見大象的全貌，才會誤以為鼻子、腿、尾巴就是大象本身。

當我們無情指責他人「不懂我的心」時，實際上只是立場不同而已。對方站在他的立場思考與行動，我站在我的立場思考與行動，難免就會出現意見分歧。因此，改變立場思考有助於拓展視野，並成為解決問題的關鍵。

自從那天起，我養成了只要心情複雜就會到其他地方去的習慣，無論是去趟山裡、海邊或咖啡廳都好。當一個人長時間待在同個空間，很容易在不知不覺間陷入那個地方獨有的固定模式，導致難以產生新想法或觀點。光是新空間帶來的「陌生體驗」這點本身，就足以激發思路重新運轉。

對我個人有所幫助的地方，大多是遼闊的空間，只要站在一望無際之處，我的心胸也會變得遼闊。假如不方便移動，不妨試著仰望天空，只要看著無邊無際的天空，原本錯綜複雜的心緒也會變得豁然開朗。

讓小坪數翻倍變大的整理術

在人類開始蓋房子生活前，賴以吃飯與睡覺、生存的大自然，既是危機四伏的地方，同時也是無拘無束的寬廣空間。我們的祖先跨過一望無際的土地，越過浩瀚的海洋，為的就是尋覓安樂生活的家園。

或許我們都在同個地方定居了太久，才會遺忘這件事，但嚮往可以盡情享受的遼闊空間，不正是人的天性嗎？因此才會把犯罪的人關在監獄的狹小空間裡，藉以管束這些人的自由吧？

對空間的思考愈深入，愈懂得該如何將這些在生活中領悟的看法應用於整理。既然人們必須生活在空間裡，那麼心境也會隨著所處空間改變；而當心境產生變化時，大部分的生活樣貌也會變得不一樣。

不是所有人都能擁有大房子、大空間，有辦法生活在自己理想的大空間當中固然很好，但經濟層面的差異也是不可否定的現實。如果自己現在生活的空間不大，首先就是該找出最大限度使用這個空間的方法。從現在開始，讓我們一起思考如何進行這種思維的轉變。

我們所在的空間，將影響絕大部分的生活。

02 一個人或一家人都適用的空間規劃步驟

讓家中空間系統化、有效使用的三步驟

大家都以為「空間愈大，可用空間也愈大」，事實上卻不一定如此，空間大與善用空間，是兩碼事。即使是十坪的空間也可以被充分利用，百坪的空間也可能被浪費。物理空間的大小，確實會使置身其中的體感產生差異，但就算是再大的空間，如果不能有效利用的話，就會出現大量閒置的死角。空間寬敞不等於活得豁然，空間狹隘也不等於活得拘束。

就像我們在工作時，會建立一套系統來實現最高的工作效率一樣，經過系統化的空間，同樣可以將使用率提升至最大值。即使是相同的空間，也能變身成為完全不同的房子。

空間建立系統後，人對於空間的想法也會改變。為了享受舒適、有效率的空間，我們會主動減少浪費不需要的空間，學習如何適當的安排收納物品、打造執行活動的最佳空間。此外，透過維持空間常保清潔、整齊的狀態，可以為視覺創造井然有序的環境。

讓整理後的家維持整齊的規劃技巧

當每個空間的布置都考量過使用目的，可以避免動線混亂，維持彈性的活動範圍；若能根據目的與特色進行整理，並調整色調、圖案、格局等，更能提升空間整體的品味。

盡量將空間系統建立於靈活的結構之上，如此一來才能應對不斷改變的需求。畢竟，一個家可能會因為結婚、生育或孩子長大後離家等因素，出現家庭成員的變化，因此這麼做是為了需要增加物品或變更空間用途時，可以輕鬆調整或更新。

因此，居家整理不只是整理東西，而是整理空間，也就是建立空間系統。在整理之前，首先要考慮一下自己想創造的是什麼樣的空間，以及整理後該如何維持。空間的系統化沒有固定的方法，只要符合家庭或個人喜好、需要即可。建立空間系統的過程，大致分為以下三個步驟。

第一步，決定空間的目的。在這個階段，必須要考慮下列因素。首先，思考這個空間是為了什麼活動或功能，因為我們必須根據每個空間的目的決定格局與家具配置。此外，家庭成員的方便性與滿意度也是重要的考量，一旦家庭成員出現變化，空間也得隨之改變。

在有限的空間裡有效地發揮最大的功能，更是相當關鍵的考量因素，盡量減少空間內的閒置區域、浪費不必要的空間。最後需要考量的是「美感」，當空間具備便利性，同時也有視覺上的美感時，我們對空間的好感度也會增加。

第二步，配置適合空間的物品。大家常說的「整理」，通常指的就是這個步驟。「如何擺放物品」是多數人第一個浮現的念頭，但強烈建議將物品整理視為建立空間系統的一部分來擬訂計畫。關於物品配置的整理方法，可以分為以下五個階段：

1. 聚集（Gathering）：從家中所有空間找出物品，並將它們通通聚集在一個地方。舉例來說，整理衣服時，必須把家裡所有衣服都拿出來聚集在客廳、臥室等寬敞的空間。此時，重點在於檢查所有角落，確定沒有任何遺漏。親眼見到原本藏在家裡深處的東西都被拿出來後，有時確實令人「震撼」，而這種震撼教育非常有必要。大概知道與親眼見到東西的數量之多，是截然不同的兩回事。

2. 分類（Sorting）：將聚集好的東西根據性質分門別類，例如按季節或種類分類衣服，或是按用途分類廚房用具。

3. 細分化（Subcategorizing）：將分類好的物品，再細分為更精確的項目，藉此提升收納效率。以衣服為例，可以細分為上衣、下著、外套等；至於飾品，則可以細分為項鍊、手錶、戒指等。

4. 組織與收納（Organizing and Storing）：整理經過細分的物品，並決定收納空間。

為每個細項選擇適合收納的地方後，將物品排列整齊。常用的東西需放在容易取得的位置，少用的東西則適合放在後方、上方。

5.標籤化（Labeling）：替整理好的物品貼上標籤，以便掌握各個物品的位置。在每個盒子、抽屜、收納架等處貼上標籤，並註明內容，這樣就再也不必為了找某個東西，卻得翻遍整間房子。

第三步，定期檢查與更新。多數人以為到第二步就已經結束了，但其實這一步才是最重要的！因為整理不是「完成式」，而是需要定期維持與更新的「進行式」。定期減少物品，並且在需要時進行更新：除了移除不使用、不需要的物品，建議也在添加新物品時重複「分類」與「細分化」的步驟。

只要按照上述步驟思考如何建立空間系統，不僅可以有效整理與管理物品，同時更能大幅減少家中被物品占據，使空間更加寬敞。此外，放大使用有限空間還有許多好處，像是情緒上的穩定、經常感覺豁達與自由，以及減輕置身小空間的鬱悶感與束縛感。

藉由適當的家具配置、明亮的色彩、大鏡子的應用等，享受空間放大帶來的視覺樂趣，你會發現升級的不只是房子，還有自己的生活。

讓空間不僅實用，也變成了喜歡的樣子

空間的有效運用，不只是整理與收納技巧，更是將其改變成為自己喜歡的樣子。在這過程中，充滿創意的點子也會不斷湧現，即使是相同的空間，也會因為發揮了不同的創意，而呈現不同的樣貌。

從父母手上繼承了二十坪獨棟透天的秀真，決定在此展開新婚生活。由於母親過世後，父親也才剛返鄉生活不久，因此還來不及好好整理一家人過去一起生活的物品。

「結婚前、後真的好忙，忙到連蜜月旅行都往後延了。雖然心裡知道該整理，卻實在下不了手。不過，我覺得現在是時候了。」

夫妻倆最近決定與差點遭到安樂死的小狗組成一家三口，雖然結婚時曾想過搬家，但似乎沒有比這裡更適合養寵物的地方。這一帶很安靜，附近也有附設大草皮的公園。這間獨棟透天的屋齡大約三十年，但因為一直有在定期翻新，所以住起來也沒什麼不方便的。

每個房間的採光都相當充足，再加上一年前才剛換過壁紙與地板、窗戶，因此不需要額外的裝潢；唯一的問題，是過量的物品與未經整理的空間。

經過深思熟慮後，秀真決定將大房間作為與丈夫共用的更衣室兼臥室，第二大的房間用作她的工作室。至於最小的房間，則是丈夫的書房。目前從事管理諮商相關工作的秀真，計畫在將來開設智慧商店。丈夫則是考量到自己前往國外出差的機會愈來愈多，所以需要自己的空間進修英文。在這段時期的空間整理，不僅關乎兩人的婚姻生活，更會直接影響未來的職涯發展。

決定好空間的目的後，整理的工作立刻變得輕鬆不少。決定丟棄的物品數量，遠遠多於留下來的物品。整理出來的東西，多到連左鄰右舍看見都嚇了一跳，甚至還有很多根本不知道它們存在的東西。

投入大量的時間與心力後，這間房子終於重生為適合新婚夫妻生活的空間。其中，變化最大的是用作秀真工作室的那個房間。當她考慮著該不該丟掉父親用了很久的木製收納盒時，忽然在衣櫃的抽屜裡發現母親那條圖樣精美的披肩。

「這是媽媽生前很喜歡的披肩。不知道有沒有方法可以好好利用它？」

若是能將充滿母親回憶的遺物，善用在家裡的某處，那就太好了。當下，眼前的木製收納盒吸引了我的目光，我將母親的披肩鋪在父親的收納盒上，接著擺上秀真收藏的鋼筆，營造出復古的氛圍。

秀真在窗戶上方的懸吊式層架掛了一個小掛飾。它會隨著陽光的移動，在窗戶上形成藝術品般的影子。不時移動的影子，為空間注入了生命力。

「下雨天的時候，打開窗戶聽音樂的感覺真的很棒。經過整理後，我覺得為自己的家帶來全新的生命與美好。我甚至能感覺到，這個空間非常愛我們。」

秀真爽朗地說著，並展露十分滿意的微笑，我也跟著點點頭。無論晴天、陰天或雨天，這個房間都是她能盡情發揮創意的空間。

隨著空間一個接著一個重生，也加快了整理的速度。打開客廳的窗戶，灑落的陽光照亮整個家。直到深夜，我們才終於結束整理的作業，不過，秀真依然充滿活力。她將事先買好的小燈具擺放在家中各處，點亮利用玻璃瓶製作的燈，並在每個角落放置蠟燭營造氣氛。

當燈亮起時，暖洋洋的光線就像一股氣息般湧入空間，彷彿整個家溫暖地擁抱著兩人，夫妻倆的臉上都露出滿意的笑容。

把空間變成兩倍大的整理技巧

建立空間系統，是我為秀真夫妻整理空間時下最多功夫的部分。擁有空間系統後，不僅能高效地使用現有的空間，即使是狹窄的空間也能發揮其優點。這包括了根據居家生活、工作、休息等需求來劃分家中空間，以及組織空間布局、家具與收納系統、物品的配置與分類方法等。

小坪空間的整理放大術

如前所述，決定空間的目的是建立空間系統的第一步，完成後，接著進入替物品配置適合空間的第二步。實際完成整理作業後，原本二十坪的空間，看起來竟然就像三十坪！這究竟是什麼神奇的魔法？

接下來將為各位介紹這個讓空間變成兩倍大的整理祕訣，只要記住下列三大關鍵，並根據自身需求應用至實際生活即可。

光線是營造空間溫暖氛圍
的絕佳工具。

第一，移除。丟掉或分享、捐贈不需要的物品，從家中的空間裡移除。

任由不需要的物品占據空間，只會造成視覺上的混亂，定期檢視家中物品，將舊物斷捨離並捐贈用不到的東西。擁有很多東西的生活看似快樂，但我們應該學習重質不重量，愈懂得丟，才愈懂得留。因此我們必須掌握兩個「移除」的重點——

1. 敏感的擁有意識：人經常被「囤物」的習慣操控，於是，不斷購買的習慣導致不需要的物品持續累積。我們必須對自己擁有的一切保持敏銳度，學習區分實際使用或有特殊價值的物品，並定期檢查與丟棄。當空間受到保障時，置身其中的人自然也能在經過整理的環境過著舒適的生活。

2. 養成永續消費的習慣：唯有調整購買新東西的習慣，才有辦法減少不需要的物品，練習在購物時優先考量物品的品質；優質的產品不僅可以長久使用，亦能減少替換的頻率。

第二，善用垂直與水平空間。多加利用像是牆壁、天花板之類的垂直與水平空間，試著將層架固定於牆面，或使用簡單的鉤子懸掛物品。把家具配置於較高的位置，藉以活用垂直空間也是個好方法。可以使用位置高的抽屜櫃、天花板、書桌等，保留地面的空間。

空牆本身只是一個不起眼、死氣沉沉的空間，但如果把它布置成藝廊牆，便能透過藝術感提升整個家的氛圍，試著掛些照片、畫作、海報等，提升空間格調。

考量垂直空間時，需留意必須盡量減少障礙物；像是在門後擺放椅子、衛生紙等家具或物品，導致活動空間受到阻礙時，可就是本末倒置了。**請記得，放大使用有限空間並不是為了囤積更多物品。**

善用水平空間的方法，則是在窗框或天花板設置懸吊式層架。懸掛盆栽或裝飾物是既能利用空間，又能增添美感的室內設計元素。另外，也可以考慮利用床下的空間、延伸吊衣桿、設置層架與抽屜櫃等。不過，請避免為了增加收納而過度使用牆壁或天花板。如同前文多次強調過的，一旦物品的數量超過空間限制，整個家就會馬上變成倉庫。

第三，「集中收納」。將性質相似的物品分門別類置於同個空間時，能帶來視覺上的整齊感。

簡單來說，即是將廚房用具放在廚房、衛浴用具放在浴室。先大致分為臥室、廚房、浴室等空間後，再詳細分類。例如更衣室裡的衣櫃，如果能在整理衣櫃時，將運動服、套裝、日常服等類似性質的衣服收納在一起，就能讓選擇衣服變得更加容易；依照種類集中收納帽子、包包等，也可以保持空間的整潔。只要能在善用空間的同時維持視覺平衡，自然就可以減少不必要的混亂，營造舒適的氛圍。

集中收納的最大好處是效率性，當性質類似的物品集中收納時，我們很快就能找到需要的東西。如此一來，不僅節省時間與精神，也能更有效率地處理日常大小事。此外，也可以多加利用收納空間。將尺寸、形態相近的物品集中收納後，占用的空間會比個別收納來得小。

前面提到的秀真夫妻，除了向我表達感謝，也表示整理使他們的內心變得平靜，更豐富了兩人的日常生活。最後他們還補充了一句：「我們以後會好好維持，也希望從此過著幸福快樂的日子。」明白如何放大使用狹窄空間的他們，就像踏進新世界的探險家一樣，開始懂得在小房子裡發現無限可能與幸福。對於各自離開父母獨立生活，並建立屬於自己的家庭，邁向人生新航線的秀真夫妻，我非常好奇、也很期待他們未來將如何創造獨具一格的生活空間。

懸掛於天花板或牆面的盆栽，是絕佳的室內裝飾。

03

讓空間重新活過來

假如可以戰勝絕望

離婚一年多的美珍，依然沉浸在悲傷與無助之中。同時，也因為酗酒的問題失去了孩子的監護權，失控的情緒讓她陷入崩潰的狀態。

於是，親如妹妹的學妹決定想辦法說服不願外出、一直躲在家裡的美珍。

「學姊，妳到現在還是被過去綁著……難道妳真的想繼續過這種生活嗎？」

「我也想改變啊……但老實說，我不知道該怎麼做。」

「先從看得到的開始做起。不如我們先整理一下家裡？」

「整理家裡？」

「對啊，妳知道我去年做過空間諮商吧？尋求專家的協助後，心情確實轉變，連生活也改變了不少。既然妳暫時不可能搬家，不如就先從改變家裡的氣氛開始。這樣的話，無論學姊之後想做什麼，一定都可以順利重新開始！」

於是，美珍經由學妹的介紹取得我的聯絡方式。在事前會議聽取客戶意見的過程中，我詢問她「希望擁有什麼樣的居家空間？」美珍沉默片刻後，簡潔有力地回答：

「我想救活這個家。」

「救活這個家，指的是什麼意思？」

聽見這句話的美珍，視線轉向了另一個地方。臥室，就是她目光停留之處，而臥室的門是關著的。門必須開開關關，才能發揮它的作用，敞開的門，扮演的是連結內、外的橋梁，而緊閉的門，看起來卻像守護城池的銅牆鐵壁。

美珍凝視的那道門，究竟已經成為冰冷的牆多久了？密不透風的門扉，彷彿緊閉雙唇拒絕溝通似的。我稍微想像了一下，在那道門後面的空間現在是什麼模樣，想必不會是個充滿生命力的房間吧！或許是因為這樣，那句「我想救活死去的空間」聽起來才更真切。明明曾經是與家人共度溫馨時光的地方，卻在離別後成了只留下痛苦記憶的空間。

「每次踏進臥室，我都會被痛苦的情緒折磨。忍不住說出傷人的話的地方，也是那裡。」

她說，因為自己連踏進臥室一步都不想，所以都在玄關旁邊最小的房間裡，過著用棉被打地鋪的生活。對於一個人住絕對夠寬敞的房子裡，美珍卻像難民一樣獨居在門房。我假裝沒看見開始在她臉上蔓延的失落感與憂鬱，靜靜等著美珍再次開口。她籠罩著陰影的臉龐，顯得格外疲憊與孤獨。

「我是一個小心眼的人，一直到分開後，我才知道老公為什麼那麼累。我很歉疚，也向他提出希望可以重新開始，甚至承諾我會做得更好，想盡辦法要挽回這段關係，但已經沒用了。老公真的身心俱疲，沒辦法回頭了。」

丈夫的心早就冷了。當美珍意識到任何努力都無法挽回對方的心的那一刻，才終於醒悟自己的婚姻生活已經劃下句點。當她發自內心接受離婚的現實後，反而產生更嚴重的混亂……美珍真的不知道自己該怎麼辦才好。

「以前啊，這個家常常有種溫暖的氣息。但現在已經變成死氣沉沉的。每天晚上躺下睡覺的時候，我都覺得自己好像死人一樣。我想，現在是時候擺脫這一切了。畢竟，我必須繼續在這個家生活下去才行……必須活下去才行……。」

「活下去」這句話，聽起來是那如此的迫切。是啊，美珍必須在這個家生活下去，同時也必須為自己的人生活下去。這句話之所以聽起來那麼迫切，大概是因為她的內心也已經絕望至此了吧！

不過，當天美珍表示自己需要再考慮一下，因此決定延後諮商。儘管她心裡打算經由居家整理作為恢復正常生活的第一步，卻似乎還沒做好果斷執行的準備。於是，我們決定再等等。既然整理的想法已經在美珍內心播種，我相信總有一天能夠萌芽。

「那一天」並沒有讓我們等待太久，讓她下定決心的契機是一趟旅程。

美珍在陌生的空間睜開雙眼。由於深夜抵達的緣故，直到凌晨才闔眼的她，感覺眼皮特別沉重。雖然才剛過早上九點，但一大早就能感受到盛夏的炎熱。她忍住想再躺一下的誘惑，從床上起身後，打開窗戶，有別於室內的熱氣，迎面而來的風格外涼爽。

美珍望向窗外，眼前是她已經好久未曾見過的景色。在昨晚入住時見到的高樓與窄巷之間，蔚藍的天空與綠油油的樹木映入眼簾。美珍闔上雙眼讚嘆眼前令人屏息的美。忽然間，又睜開眼眺望窗外。

「我好像在一瞬間來到另一個世界。」

這是她透過 Airbnb 找到短期出租的房子，屋內的所有景象都讓人感覺十分寬敞、驚豔。這間房子雖小，卻一點也不狹窄，看著屋外的景色，透過窗戶延伸的遼闊世界猶如這個家的庭院般。

吃完早餐後，美珍開始四處參觀這間房子。物品整齊地收納在設置於牆面的抽屜與層架上，簡約而實用的家具讓整個家變得更加舒適、溫馨。所有的門、窗都敞開著，不受任何阻礙，從臥室到廚房，從廚房到客廳，從客廳到浴室，從一個空間到另一個空間的感覺，就像暢通無阻的水流。明明是間小公寓，但善用每個角落的空間都發揮著驚人的實用性。這是她第一次體驗到，即使置身於再小的空間，也能盡情享受遼闊世界的豁然。

美珍想起自己生活的空間。如果開門後想走到廚房與客廳的話，得先跨越沙發、桌子等各種瑣碎的障礙物。她想著，無法隨心所欲移動到自己想去的空間的家，在某種程度上就像是自己的人生一樣。剎那間，強烈渴望改變的念頭竄升，即便不知道人生該如何重新開始，但她可以戒酒，也可以整理家裡。美珍下定決心，就從這些地方開始做起。

拯救死去的空間

開始整理的第一天，美珍充滿活力地埋首於整理工作，在將所有被棄置的物品聚集在一起後，她果斷挑出不再需要的東西。當人見到有著過往回憶、經歷的物品時，與其相關的情緒也會隨之浮現。對美珍來說，新婚時期的物品便是如此。與丈夫曾經美好的時光，與當下所處的境況形成強烈對比，她甚至沒有辦法淡然地看著這個家裡的任何一件物品。哪怕是當下確實需要的東西，也會因為觸動了痛苦的創傷，而讓人更難思考究竟該不該丟。是時候需要轉念了。

「或許是因為您太專注於物品本身了，可以試著多想想自己想要生活的空間。」

美珍點點頭。物品只是物品，但更重要的是創造自己想要生活的空間。重複深呼吸幾次的美珍，這才開始整理自己不需要的物品。顯然她領悟到了，整理物品是為了救活這個空間。有時，整理也是有效梳理情緒與回憶的方法之一，藉由整理不需要的東西，減輕負面情緒；藉由牢記整理的目的，強化正面的回憶與情感。

臥室，是美珍第一個想要拯救的空間，我極力推薦她將臥室作為「休息室」。自從離婚後，美珍再也沒辦法以主人的身分活在這個家，假如將來她依然不願意踏進最大的房間「臥室」，而是繼續像個寄宿者般住在玄關旁的最小房間，想必美珍也不可能會覺得自己是這個家真正的主人。

每天拉開窗簾，讓陽光充滿整間臥室。

雖然把空間布置得舒適又漂亮，也是拯救這個家的一環，但其實還有一件更重要的事——生活在這個家的人，是否將自己視為空間的主人。就算整理得再整潔，生活在其中的人卻無法盡情享受這個空間的話，那有什麼用呢？結果只是把過去伺候物品的生活，變成伺候空間的生活罷了。

這個問題無關自己是屋主或租客，重點在於，哪怕只是住在那一天，這個空間究竟是不是能讓人放心休息的地方。

讓臥室完整發揮休息功能的整理祕訣

整理臥室的過程，對於打造一個可以舒服休息的空間非常重要。以美珍的故事為例，我想為各位介紹幾個整理臥室的小祕訣。

首先，將不再使用與不需要的物品分類整理，檢查衣櫃、抽屜、層架等處後，丟棄或捐贈不再穿的衣服與物品。臥室裡最重要的家具是床（假如是不使用床鋪的人，就把這部分想作擺放寢具的位置），床既是臥室的中心也是休息的地方，不要在床上擺放任何東西，並將寢具整齊擺放。請記得要定期進行更換、清洗。

善用抽屜與層架、衣櫥等臥室內的收納空間整理小東西。擺放物品時，優先考量機能性，將常用的物品擺在隨手可得的地方，少用的物品則收納於內側。另外，**若想在臥室擺放小物品與裝飾品時，務必以最少量來營造氣氛即可**，因為過多的裝飾會影響舒適休息的品質。

千萬別忘了「通風」，光與空氣，是救活空間的關鍵之一。每天起床後，拉開窗簾，讓陽光填滿臥室，並持續保持通風的狀態；睡眠的舒適度，取決於乾淨、清爽的環境。

既然臥室是個人的休息空間，當然得加入能反映自己獨有風格與喜好的元素，但請牢記，這裡是「休息」的空間。整理臥室，是創造舒服、放鬆空間的重要步驟。只要按照上述祕訣布置與整理臥室，就能更有效地提高它作為休息與充電空間的機能性。

整理臥室時，除了把床打造成為舒適空間外，衣櫃也是我最在意的部分。雖然美珍家沒有獨立的更衣室，但臥室的空間相當寬敞。

臥室的空間雖大得足以裝設嵌入式衣櫃或擺放大衣櫃，不過這也表示必須在這個空間額外增加物品，因此必須慎重考慮。最後，我們決定不加入新家具，而是裝設附有連身鏡的滑門來劃分空間，僅放置既有的吊衣桿與抽屜櫃。

決定重新投入職場的美珍，為了找回自信，打算只留下真正適合自己的衣服。嘗試再次與社會接軌的她，面對的是一場與自己的戰爭，所以這些衣服在某種層面上來說是「戰袍」，這是絕對不容忽視的部分。我們將埋在衣櫃深處的衣服一件一件拿出來，再也不可能穿的衣服、瀰漫舊回憶氣息的衣服、依丈夫喜好買的衣服，通通都是不會再穿的衣服了。

立刻有感！衣櫃的分類與整理祕訣

一起來看看整理衣櫃時，有哪些需要注意的重點。

清潔，是我的首要要求。衣櫃是意外容易堆積灰塵的地方，即便有人會天天打掃家中每個角落，卻幾乎沒人會特地仔細清潔衣櫃。因此，一方面是因為清潔頻率較低，另一方面則是衣服本身的性質就很容易積聚灰塵。經年累月後，收納這些衣服的衣櫃當然也堆滿灰塵。為了好好保養衣服，定期清潔（就算不是每天）絕對不可或缺。

與其他空間一樣，分類與選擇也是整理衣櫃時的關鍵。先將所有衣服拿出來聚集在一個地方後，將不穿與老舊的衣服丟棄、捐贈。接著，優先將衣櫃裡常穿的衣服收納於方便取得的位置，以季節、功能、材質等作為分類標準（亦可根據衣服的特性與數量進行分類）。假設選擇以季節為標準的話，則將適合目前季節的衣服置於前側，其他季節的衣服則收納於後側。

空間足夠時，將所有衣服都掛起來當然是最好的方式，但如果需要收納在箱子或抽屜，直立陳列比水平堆疊來得更好。無論是摺疊或吊掛，都必須保留一定的空間，避免拿取時通通倒塌。尤其是洋裝、T恤、外套，盡量採取吊掛的方式收納。另外提供一個整理小祕訣，那就是統一衣櫃裡的衣架，只要做到這點，整體就會顯得格外清爽。

使用箱子或掛鉤收納飾品、皮帶、圍巾等小單品時，請避免交纏的情況。最後，建議在季節交替或物品增加時，養成持續整理衣櫃的習慣。

在整理美珍家的過程中，我能感覺到原本死去的空間復活了。居家整理這件事，實際上就是拯救空間，這不僅是物理層面的整理環境，更是澈底拯救了她。原本蒙上陳舊灰塵的過往歲月，正逐漸重生為閃閃發光的現在。這一切的過程，也似乎撫慰了飽受離別痛苦折磨的美珍。

善用隱藏的空間

居家整理時，「拯救死亡空間」與進一步「尋找隱藏空間」一樣重要，這是整理任何房子都可能發生的事，而只要懂得建立空間系統，也會有放大空間的效果。不過，這兩者究竟有什麼不同呢？

所謂拯救空間，代表的是利用既有空間中未使用或被忽略的地方，改造為更實用、更美觀的空間。以美珍家的例子來說，就是恢復沒有好好使用的臥室的功能。此外，也可以善用家中的角落或牆面打造小型的閱讀空間，或是將未經使用的地方改造成為收納空間。這些整理工作的目標在於，使既有的空間得到最大限度的利用，進而發揮更多功能。

四種活用隱藏空間的坪數放大技巧

至於尋找隱藏空間，指的是找出看不見或沒有意識到的隱藏空間，並善加利用。舉例來說，像是在牆面裝設層架擺放書或裝飾、擴展天花板的空間，或是善用藏在物品間的閒置空間等。

拯救死去的空間，是盡可能喚醒既有空間的潛力；尋找隱藏空間，則是利用家中的結構特性創造新空間或賦予機能。雖然兩者各有不同的特色，但同時也有一個共通點——高效活用居家空間，創造更舒適與美好的環境。

家中最容易活用的空間就是「牆壁」。美珍表示，她想養些有生命的東西來找回自己對人生的動力。但我認為養寵物必須經過審慎思考，所以建議她可以先試著種植物。我找了一些不需要太多照顧也能活得很好的植物清單後，選擇了幾種懸掛於半空的空中植物（又稱懸垂植物）。為此，我們在牆面裝設掛鉤，打造出了「牆上庭園」。

美珍看到成果後，忍不住驚呼：「哇！這真的是隱藏在空間裡的奇蹟。」

多虧這些綠油油的植物，為整個家帶來充滿朝氣的大自然氣息。雖然只是很小的變化，卻感覺喚醒了空間的生命。

第二個找到的隱藏空間，即是前文提到的臥室空間——用來劃分臥室與更衣室的空間，也就是比牆壁更實用的空間，堪稱「魔術等級的變身」，完全放大了原本狹窄的空間。藉由附鏡子的滑門，發揮超越以牆壁隔間的效果，讓空間重生，不僅可以透過鏡子產生空間被放大的感覺，又能獲得額外的使用空間。像這樣創造一個不封閉的界線，空間整體看起來也會變得更開放。

小椅子可以作為板凳
或裝飾品。

另一個隱藏空間，則是在家具裡，**我會建議小坪數的房子選擇兼具多樣功能的家具**。例如：餐桌可以在需要時變成書桌、使用小椅子作為板凳或裝飾品，或是將掛在牆上的收納櫃用作小層架。當每樣東西都有不同用途時，自然就能更從容地享受空間。

而「顏色」的魔法在於，即使不利用空間本身，小空間也會因此看起來變得更寬敞。統一使用明亮的配色時，會讓人感覺像是沒有任何明顯界限的空間；相反的，**如果是以顏色劃分空間，而非透過擺放家具、隔間的方式時，空間之間的定義也會變得更加明確**。

舉例來說，如果客廳與廚房是在相同的空間，建議採取將廚房磁磚選擇其他顏色，而其餘皆使用統一色調的方式。培養對色彩的敏銳度後，自然就能享受改變空間的樂趣。

居家整理的魔力在於發現隱藏於空間裡的美，我們經常錯過那些看似死角的空間，但只要多一點留意與想像力，便能賦予被遺忘的空間新生命。

整理得愈多，美珍的神情也變得愈開朗，甚至連說話的語調都變了，從原本的低音「do」，逐漸提升至「mi」、「sol」。每打開一道緊閉的門，那些曾經將她禁錮在過往回憶裡的空間，彷彿都在輕聲說著：「妳現在可以過幸福的生活了。」置於角落的小邊桌，久違地放上了一些書，從此成為通往新世界的窗口；本來平凡無奇的牆面，也靠著綠色植物創造了一個小庭園。

經過三天的作業，美珍望著整理完成後煥然一新的房子，流下了許多眼淚。充滿誠意的空間不僅療癒與感動了我們，更會激發無限靈感。親眼見到自己家改變時，美珍不是唯一一個對整理的效果感到驚訝與感激的人，這種驚喜的情緒也感染了我。因為我強烈地意識到，為空間注入生命力的過程會帶來多大的成就感與喜悅，讓我體會自己的人生與至今所做的一切，都變得更加幸福與有意義。

在雜亂的物品之間隱藏的死角，就像被遺忘的故事。然而，我們隨時都可以喚醒沉睡的時光，並以此作為邁向未來的起點。雖然美珍的空間被棄置了好久，但這個地方此刻卻比任何人都更歡迎美珍。正如作家用一個個單字填滿空白頁般，我們也能憑藉自己的力量為空間帶來生命與美好。

04

專為「收無能」設計的整理術

習慣讓家一團混亂的人

在忙著運轉的城市一隅，住著一名男子，大家都知道他很會弄亂東西。各種書與衣服凌亂地散落在他家中，到處都是積滿灰塵的東西。只是，眼看著家裡亂七八糟，他依然無所謂地想：「之後再整理就好。」

在他的人生裡，充滿了各種無限循環的混亂習慣。每天早上鬧鐘一響，他便睜開雙眼、伸懶腰，然後離開床鋪。打從這一刻起，就是一團亂：打開衣櫃、想找件衣服穿之前，衣服會先全部掉在地上；吃早餐的餐桌上，仍原封不動地擺著幾天前吃剩的速食包裝。

每天早上為了找皮夾、車鑰匙、手機而手忙腳亂，有次甚至還因為找不到放在書桌上的文件，導致表定的公司業務延遲。諸如此類的習慣不僅造成日常一團亂，他也因此長期處在高壓的狀態。壓力愈大，他的生活也就愈混亂，不停累積的壓力，造成家裡變得愈來愈雜亂，所有東西都失控似的散落在四處。

房間塞滿了衣服和各種物品，隨意堆放的書與紙張甚至已經看不見地板；吃剩的廚餘與髒碗盤撒在書桌上，冰箱裡裝滿了過期食品。不過，對他來說，這種沒有規矩可言的生活並不成問題。因為他相信，無論房間再亂，自己依然清楚什麼東西放在哪裡。他心想：

「我確實不擅長整理，但這對我的生活又沒有任何影響。」

他不修邊幅的習慣，可不只是反映在家裡一團亂而已，這種不規律性，也明顯反映在生活模式上。他不喜歡計畫，偶爾還會忘記約定，因此，在人際關係也面臨了難題。周圍沒人有辦法理解他的習慣，他總是不守時、失約，也不會按計畫行動。就算和朋友約好了，也老是因為不知道在哪裡迷路而遲到，忘記出席會議或聚會更是家常便飯。於是，他在人際關係裡漸漸成為被孤立的角色。

他當然也有一些珍視的東西，像是花了很多時間搜集的公仔與紀念品，其中也保留了不少珍貴的回憶與感動時刻。不過，他並沒有好好打理這些東西，只是隨手擺在亂糟糟的家中某處。如果有人問起究竟是從什麼時候開始陷入這種狀態，其實他也不知道怎麼回答。因為打從他有記憶以來，自己就一直是這樣，既然連他本人也不清楚怎麼會變成現在的地步，就證明了他真的不懂得該如何處理這些混亂。

他一直都是一個亂七八糟的人，房間永遠是亂的，衣服堆得像山一樣，桌面充滿各種紙張。即使隨手擺放的物品占據了自己的空間，但他總是設法忽視這一切。這個凌亂的房間，似乎也反映出他的內心世界，源源不絕的念頭逼得他身心俱疲，壓在心上的重量更是令人發昏。

隨著時間過得愈久，弄亂東西的行為也開始變成習慣。每天早上出門的過程中，他都會無意識地在找東西的過程中亂摔物品；到了晚上，又試著在凌亂的房間裡尋求平靜。比起簡單整理一下，他認為隨便放比較方便，也更合自己的心意。不知不覺間，房間已經沒有空間容納任何東西了，沉重的失序感就這樣壓在他的肩上。

一團亂的房間彷彿在對著他大吼大叫似的，但事到如今，東西早已多得沒辦法整理。他偶爾也會試著處理掉一些東西，但真到了要丟的那一刻，內心又開始懷疑「我真的不需要它嗎？」

面對朋友批評他家「就像歷經暴風雨的沉船」，他反而認為這種不修邊幅才更能凸顯自己的與眾不同。聽起來很像小說裡的故事？才不是。搞不好，這就是你本人的故事。

五個步驟打造順手整理的習慣

以上故事的主角是民圭（化名），而他開始整理家裡，是在被宣告罹患肺癌之後。不抽菸也很少喝酒的民圭，不敢相信自己竟然得了肺癌，他忽然想起朋友曾經對著那個亂七八糟的家開過的玩笑——「繼續過這種生活的話，遲早會生病的」。儘管不是真的因為那個家導致他罹癌，但民圭很清楚準備接受治療的自己不可能在這種房子養病；雖然是自己家，但客觀來說，卻不是他想生活的空間。

決定改變，但習慣難改怎麼辦？

即使沒有像民圭的故事如此戲劇化，偶爾也曾遇見一些客戶在經歷人生巨變後，決定把家裡好好整理一番。若是為了好事而整理家裡，我也會跟著感到開心，但遇見選擇在經歷磨難後進行居家整理的客戶時，我就會格外謹慎。像是離婚、失去摯愛、死亡、生病等人生不可避免的磨難，無論經歷過多少次都是痛徹心扉，也絕對不可能會習慣的。幸好，民圭熬過了漫長的抗癌之路。當聽見自己終於可以恢復正常生活的那一刻，他腦海中第一個浮現的詞彙是「改變」。

他渴望改變生活習慣，卻十分清楚自己的意志力有多薄弱。後來，民圭偶然間在 YouTube 上看到許多人因為居家整理改變人生的故事，影片裡的主角，全都是過著平凡生活的普通人；他忽然想起在病友們的網路群組裡，也經常有人會上傳關於整理的故事。他們建議的方法，大多是每天從很小的地方開始做起。在民圭看來，那些方法並不難，如果只是整理一格抽屜的話，感覺連身為「搗亂大魔王」的自己也做得到。

然而，過了幾天之後，他才意識到這一切不是單靠「一格抽屜」就能解決，除非有辦法將所有東西通通塞進一格抽屜，否則置身於混亂之中的生活並不會有任何改變。

這與治病的道理一樣。當一個人在感冒時出現咳嗽症狀，只要按時服用治療咳嗽的藥，自然就能減緩咳嗽的情況。不過，這只是短期的處方。更重要的是，必須增加自體免疫力，避免經常感冒。我想起一位醫師常說的話：

「其實癌症也是種源於生活習慣的病。請各位務必藉此機會好好反省自己平常是如何吃、如何睡以及如何處理自己的壓力。如果想要澈底康復並且不再復發，勢必得從根本改變生活。」

對民圭來說，光是整理並不夠，為了健康，他必須澈底改變生活習慣。是否有專為像民圭一樣、老是把東西弄亂的人量身打造的整理方法？如何養成不拖延的整理習慣？令人意外的是，有拖延症的人也包括不少完美主義者。不過，**設定的目標愈大、愈完美，往往就會愈難執行。**

與其一口氣整理所有東西，倒不如先試著從今天有辦法完成的一個小地方，或是空間裡一個極小的區域開始。例如，可以按照整理書桌、整理衣櫃的順序開始執行。

我認為，民圭選擇從書桌的一格抽屜作為起點是很好的嘗試。從一格抽屜擴大到整個書桌，從一格抽屜擴大到整個抽屜櫃。即使必須花費很多時間，但只要不中途放棄，終有一天能夠完成。讓我們來看看在開始細部整理前，必須先經歷哪些階段。

從零開始習慣整理的階段練習

第一階段：判斷與識別的過程。使用照片記錄家裡的凌亂程度，並思考真正的問題所在。倘若不願承認這是「問題」，那就很難賦予自己勢在必行的動力。畢竟，養成整理習慣並不是基於任何人的要求，唯有為了追求自身方便的正向、積極動機，才是最大的力量。看看那些不需要的物品，並從中找出需要整理的具體空間。

第二階段：設定目標與擬訂計畫的過程。設定整理的目標，以及擬訂選擇哪種方式執行的計畫。先細分為小步驟，有助於大目標的實現。將空間劃分為臥室、客廳、廚房、浴室後，再逐一進行詳細規劃。以臥室為例，則可細分為床、衣櫃、收納櫃等區域。

第三階段：選擇適當工具與場所的過程。空間不足，往往是無法好好整理物品的原因。這種時候，房子本身的大小固然有影響，但也有可能是因為收納小東西的收納空間不夠。善用收納箱、整理箱、層架等，即可有系統地整理物品，假如家中沒有這類收納工具的話，請事先準備。

第四階段：分類與整理的過程。拿出家中所有物品，並將其分類為需要與不需要的東西。如果是不需要的物品，可以分送給身邊需要的人，或是經由二手市場販售。此時，請務必當機立斷，迅速判斷與丟棄不再需要的物品。即使是充滿回憶的物品，有時也需要練習如何果決地斬開情感枷鎖。

為各位提供一個小祕訣，那就是替物品設定有效期限。無論是食物或物品，只要在某個期限內沒有使用，就必須下定決心斷捨離。

第五階段：培養整理習慣的過程。將使用過的物品物歸原位，並且持續清潔與整理。每次完成後，試著為自己提供一些心理上的支持與獎勵。對小成就給予稱讚與適當獎勵，是增加動力的方式，藉由持續的經營，讓自己能一直感受到「待在井然有序的空間裡的美好感覺」。

換句話說，就是將過去生活在凌亂空間習以為常的舒適感，認知成為不舒服的感覺。假如在居家整理時遇到困難，請尋求家人或朋友、專業人士的協助。在與他人一起整理的過程中，除了可以學習、也會是有趣的體驗，而非只是單純的付出勞力。

老是把東西弄亂的人，非常建議可以養成每天整理一點點的習慣；**整理，歸根究柢就是建立系統，而系統就是培養遵守的習慣**。用完日常使用的物品便立刻物歸原位，以及隨時將不再需要的物品斷捨離。

定期預留時間整理，也是一個不錯的方法；每天空出十分鐘，檢視家中需要整理的地方，或是寫下需要丟棄的物品清單、實際動手整理某個空間。這些行為不僅能養成整理習慣，也有助於打理日常生活與遵守工作行程。

整理，不只是清掉東西而已

當家裡的東西被整理得乾乾淨淨時，為什麼會覺得心情愉悅，甚至有種重生的感覺呢？首先，最關鍵的原因，當然是井然有序的空間帶來情緒上的平靜。經過整理的家，不只移除不需要的物品，更創造出整潔的空間，周圍環境也因此變得協調，並使人感到心理層面的穩定。在情緒穩定的環境中，往往就能減少壓力，

重要的是，持續感受待在井然
有序的空間裡的美好感覺。

讓人感覺心情變好。

此外，當人置身於好好整理過的空間時，由於身邊沒有亂七八糟的雜物，注意力就不會被分散，你能更有效的提升專注力，全神貫注於眼前的事情。整潔、協調的環境，有助於培養創造力，就像在純白無瑕的畫紙上作畫一樣，在得以自由發揮的空間裡，才能激發新的創意與解決問題的能力。

如同挑高的天花板會讓人感覺空間變得寬敞般，盡可能放大空間的開放感，才不會覺得莫名壓迫。只要想一想圖書館或博物館、美術館這些地方，便能理解這句話的意思。實際上，也有研究資料顯示，人待在天花板較高的空間能有效提升創造力。我想，這與寬敞的空間感有關。

只是好好整理，工作和生活竟然變順了

許多人都表示，自己在打理與布置家裡的過程中獲得自信，並對自我形成正面的看法。我認為，美化與經營自己的空間，是對自己表達愛與尊重的一種方式。整理與配置物品時，使人確信自己掌握控制環境的主導權。其實，前面提到民圭

的例子，他也說自從開始整理家裡後，逐漸減少了愛拖延的情況。

先設定小目標再逐一整理的方式，也對他的工作與人際關係產生影響。民圭開始懂得及時紓壓，避免不停累積壓力，同時更在工作上養成了提前處理的習慣。依照物品的性質分門別類，以及辨別不需要的物品並將其丟棄的經驗，幫助他學習如何區分重要與不重要的事；他也將善用籃子或收納箱等整理所需工具的習慣，延伸至積極利用提升業務技巧的應用程式或工具的形式。

自從整理好自己家後，民圭愈來愈常反省自己的生活習慣。一開始的確很困難，但他在習慣將物品分門別類的同時，也學會保持固定的就寢與起床時間。諸如此類的改變，逐漸為他的生活帶來正面影響。家裡變得整潔後，心情也變得平靜；生活模式變得固定後，壓力也開始減輕了。

民圭透過整理獲益良多，其中最大的好處就是學會了「珍惜時間」。利用十多分鐘的時間，果斷丟棄不用的東西，不僅減少了對「整理」這件事的壓力，也能透過這短短的時間獲得強大力量。

對以前的民圭來說，五分鐘、十分鐘不過是一段可有可無的時間，總是讓這些零碎的時間毫無意義地流逝。然而，自從體驗過十分鐘的力量後，他開始懂得精打細算地花時間；甚至改掉了老是驚險躲過上班遲到的壞習慣；因為他終於明白，哪怕只是提早十分鐘、讓自己從容抵達公司，一天的開始也會變得完全不同。

而這一點更改變了民圭的金錢觀。他意識到過去的自己總覺得在不必要的地方花幾百塊、幾千塊覺得無所謂，卻又渴望能夠存到千萬。當他開始珍惜曾經不屑一顧的小錢後，第一件事就是刪除手機裡的購物程式，從此再也沒出現過天天都有包裹堆滿玄關的景象。

原本雜亂無章的家，現在已經變成井然有序的空間：整理整齊的衣櫃、收拾乾淨的餐桌，使他感覺舒適。而民圭的內心也變得不一樣了，擺脫一再拖延的習慣後，焦慮減少、情緒也變得平靜，他說自己不再「像以前一樣」亂七八糟的了。整潔的空間使民圭告別亂糟糟的過往，也讓他感受到了嶄新的開始。他學會更愛自己，更珍惜自己，也從此過上平靜的生活。

05

突破有限的坪數，創造寬敞的空間

培養空間感

為什麼我們會在踏進飯店或樣品屋時會感到心情愉悅呢？不僅是因為漂亮的室內設計或精緻的擺飾，但更重要的是因為那裡擺放的東西非常少。這些地方只會適量地擺放實用與必要的物品，並不會讓多餘的東西占據空間。這大概就是「簡約」的美學吧？同理，在一個井井有條的家裡，也只會擺放適量的物品。

整理之後，能維持嗎？使用方便嗎？

人們之所以不知道從何開始整理，是因為物品多到超出空間所能容納的範圍，也是對整理的基本認知不足。就算是一百坪的房子，一旦塞進幾十噸的東西後，也會讓人感覺像是不到十坪的房子，又窄又不舒服。

所謂「整理得很好」，不是把物品陳列得漂漂亮亮，而是讓物品保有屬於自己的空間。為此，我們必須慎重考量自己生活的環境，究竟能夠消化多少物品。

以一家四口生活的三十坪公寓為例，家裡一定有非常多的東西，這一切都是必需品，堆積如山也是情有可原。一方面渴望舒適的生活，另一方面又擁有很多東西，因此才會開始出現重視收納的趨勢，也有人認為這就是所謂的「整理」。

然而，東西堆疊得密密麻麻並不等於收納得好；即使看起來很美，但使用時不方便，也很難稱為合格的收納，因為很快就會失去秩序，變得東倒西歪。各位一定有過在手忙腳亂的一大早，從衣櫃抽出一件摺疊整齊的襯衫後，所有衣服猶如山崩似倒塌的經驗。

這就像在狹窄的空間建造高樓大廈一樣，問題就出在只顧向上堆積，雖然大樓不會倒下（倒了就完了），但一旦不停向上堆疊的衣服失去平衡，勢必就會倒塌；結果好不容易才整理好的一切，瞬間變得毫無意義。

在僅能容納一件衣服的空間硬塞進十件、二十件衣服，只是暫時解決問題而已，根本不能被視為系統化的整理。成功的建立整理系統，應該要包括以下重點：確保有足夠的空間方便取放，無論拿取或收納時都不會影響其他物品，也不會占據其他物品的空間，以及整理過一次、就能長期維持這個空間的秩序。

買下新東西之前需要思考的事

因此，讓任何東西進入家裡前，我們都得像帶寵物回家一樣，必須三思而後行。尤其是為了避免昂貴的物品淪為麻煩，建議在下決定前，反覆問自己「我真的會因為沒有它而活不下去嗎？」既然是要放進狹窄的空間，無論尺寸、功能和價格都必須再三考量，所以有時難免得做出妥協，而不是執意地購買自己喜歡的東西。

至於那些使用壽命不長的東西，往往也會在買回家後被閒置在角落；一年使用不到一、兩次的東西，其實比想像中來得更多，既覺得二手拍賣麻煩，又捨不得丟掉，就等於是把一堆便宜貨放在昂貴的空間裡。然後，就開始嫌房子好小，一心只想搬家，卻忽略應該要有效的利用空間。

搬家真的就能解決空間小的問題嗎？源源不絕的新東西又開始進入寬敞的新家，有些人甚至會因為沒有把空間填滿，而感到內心空虛。一旦無法為自己培養「適合且舒服」的空間感，自然就會對於與過量物品一起生活感到熟悉與自在，最後任由物品占據空間，導致家裡的空間變得愈來愈窄，接著又開始夢想搬到其他房子，終其一生都在重複這樣的模式。造成這一切的問題不在於房子，也不在於物品，而是自己對於空間的錯覺與觀念。

整理，是種自我投資

「我想生活在舒適、寬敞的空間。」

這是許多人一輩子的夢想。不停工作與存錢，只為了搬進更好、更大的房子。搬進大坪數的房子確實是實現生活在寬敞空間的方法之一，但這並不是放大使用空間的唯一方法；只要下定決心，各位也能將自己現在生活的家變得無限大。

「把我現在生活的家變得無限大？怎麼可能？家裡人那麼多，東西的數量也一直增加，現在已經窄到連走路的地方都沒有了！」

正如同一件事會因為從不同視角切入而變得完全不一樣，相同空間也會因為不同的使用方式而變成完全不一樣的空間。空間終究是屬於生活在其中的人，取決於使用者的行為與意志。

「整理」，絕對是放大使用小空間的神奇魔法。現在立刻起身，看看整個家吧！就像站在山頂俯瞰四面八方一樣，以3D視角檢視家中所有空間。想像自己是個透明人，由房子的上方往下看整個家。我們家有辦法自由呼吸嗎？或是早已被東西壓得喘不過氣呢？

簡單的生活，並非一無所有

我並不是要大家成為「極簡主義者」，或是直接把東西通通丟掉來解決問題；光是減少不需要的東西與保持整潔，已經足以讓空間變得寬敞。當空間變得寬敞後，內心也會變得寬容。只要曾經待過井然有序的空間，勢必都會明白這個道理。當你擁有一切需要的東西，並且隨時都可以方便取得，不必因為物品而感到有壓力時，心靈也會變得開放不少。

或許是因為如此，我常聽到有人提到經過居家整理後，自己的心胸也變得開闊，還有比這更踏實的自我投資嗎？

慶日也有過這種經驗，他喜歡整潔的生活環境，但自從與弟弟住在一起後，便面臨了困境。獨居時明明寬敞有餘的家，卻在兩人一起生活後變成戰場。不知從何時開始，只要和不在乎整理的弟弟待在同個空間，就會感到壓力倍增。除了整個家亂得像是剛搬進來一樣，客廳甚至還堆滿了弟弟連開都沒開過的各種包裹。隨著他對弟

弟的嘮叨愈來愈頻繁，一年後，弟弟宣布要搬出去了。結果，一直想要按照自己喜好布置家裡的弟弟，卻留下了大部分原本買來想與慶日一起布置的物品。

「不論我是否願意，但得忍受留下來的東西，這也是另一種壓力。」

為了讓家裡恢復獨居時的模樣，慶日決定把那些東西好好整理一番。只是，要將用慣的物品斷捨離，其實沒有想像中那麼容易。

原本就很窄的廚房，已經被雜物塞得瀕臨炸開的狀態。以前只靠一個平底鍋和兩個湯鍋幾乎就能搞定所有料理，現在居然還有氣炸鍋、咖啡機、電鍋以及五個不同尺寸的平底鍋。弟弟住過的小房間裡，擺滿了各種運動器材，連他自己的房間也已經被床、書桌以及這幾年增添的物品堆得無法走路。曾經寬敞的空間，頓時變得無比擁擠。

為了搬到更寬敞的空間，慶日四處打聽有沒有適合的物件，但就算把定存解約也不夠，他也不可能向父母伸手，畢竟，想也知道弟弟搬出去生活的資金是從哪裡來的。真懊惱，自己實在不該無緣無故對弟弟發脾氣，不過，事到如今再去責怪無辜的弟弟，也不會讓家變大。

於是，慶日改變主意，決定以正確的方式進行整理。這一切都得歸功於他改變了對居家整理的見解。

「當時，正是我很認真學習投資的時期。我喜歡的投資專家們都異口同聲提出一個建議，那就是要懂得『投資自己』。我覺得整理自己生活的空間，也是一種自我投資，自然就能看見整理帶來的各種好處。」

在有餘裕的家中生活

我對慶日的這番話有很強烈的共鳴。同時，也對於有人將整理視為投資感到相當驚訝。不過，只要想一想整理帶來的好處，確實沒有比這來得更好的投資了。

能夠使用寬敞的空間後，不僅能夠放鬆情緒，還能隨時找到需要的物品，節省不少時間。因為減少來自居家空間的壓力後，就能更專注於自己喜歡的事。光是這點，就可以提升我們生活的滿足感，從而強化自尊感。

家庭成員很多的家需要整理，一個人住的家庭也需要整理。如果在一人家庭時就能養成整理的習慣，即使日後因為結婚而增加新的家庭成員，也會知道如何建立好維持空間秩序的標準。

「整理好家裡後，我久違地邀請朋友們來家裡。大家都很訝異，一直問說『你本來就住在這麼好的房子嗎？怎麼和以前完全不一樣？』其實，我自己也因為對住這麼久的房子有感情了，才遲遲沒辦法搬走。我很慶幸能用全新的心情繼續在這裡生活。差點就放棄了這麼好的房子……我現在和弟弟的關係也變好了，或許是因為自己的心胸也變開闊不少吧！」

完成居家空間的整理後，慶日的生活也變得更有活力。每天早上，他會在井然有序的空間裡，從瀰漫香氛的氣味之中愉悅地開啟嶄新的一天。曾經被不需要的物品壓得喘不過氣的心情，也隨著家裡變得整潔，重新恢復了平靜。這一切都是從「整理」中得到的贈禮。

美國整理專家約書亞．貝克（Joshua Becker）曾說：「擁有得愈少，人生愈自由。」這句話意指，與其沉迷於消費與擁有的執念，不如透過簡單生活與善用空間追求生活體驗與人生價值。空間寬敞不只是物理問題，也是心理問題；假如你覺得自己目前生活的家太窄了，不妨先反問自己究竟是如何使用這個空間。

整理帶來的正面效益

我認為整理與善用自己生活的居家空間，不只對於心理層面帶來好處，更具有經濟效益。比起住在沒有整理的大房子裡，在精心整理過的小房子生活的滿意度反而更高；希望大家別只是抱怨好想買大房子，不如先想想看如何充分利用現有的居家空間。或許有人會質疑「真的需要為了整理花這麼多時間和金錢嗎？」從長遠的角度來看，一定是利大於弊。

自然而然的省下錢

空間整理的好處可不只一、兩個，最直接的就是可以省下非常多的費用。首先，不必花錢搬家。以一家四口為例，搬家費用平均落在兩百萬韓元*左右，但透過整理就可以省下這筆錢。再加上不必購買不需要的物品，而是有效利用既有的物品，能大幅減少生活費的支出。

由於每樣物品都有屬於自己的固定空間，因此也不需要再添購收納用具。當能夠輕鬆地掌控家中物品的數量後，也不會再發生重複購買同樣物品的情況。無論是衣服或家電、家具，都會因為保養得宜而減少修繕、替換的費用。最終，整

*依照二〇二四年九月匯率，約將近台幣五萬元左右。

理空間可以改變消費模式，帶來生活品質的改善，從此擺脫以量取勝的方式，盡情享受充滿美好事物的生活。

好好整理過的環境，可以減少不必要的物品所造成的混亂，也能提升對空間的滿意度，不僅有效降低心理與金錢上的壓力，還能使家庭成員間的關係變得更加緊密。「這什麼爛房子！」是我們對自己家不滿意時經常出現的一句話。把這種話掛在嘴邊的人，有可能對自己的生活感到滿意嗎？站在房子的立場來看，其實也滿委屈的，房子本身並沒有問題，只是住在裡面的人不懂得物盡其用罷了。

建立起自我認同感

從這個意義上來說，整理是對現實生活負責的表現。保持居家整潔，是我們對現實生活的一種責任。藉由移除與整理不需要的物品，減輕物理上的負擔，並踏實地活在當下。在整理的過程中，也會改變我們對於「擁有」的看法。擁有的喜悅與滿足不在於數量與價格，而是取決於我們如何將擁有的物品與自己的生活作連結，並使用它。

居家整理能使人產生正面情緒，因為整理的過程中需要不斷決定、選擇、建立系統與掌握行為的主導權，這些都是有效提升自尊感的重要推手，使我們覺得自己變得更好。

整理，足以反映出一個人看待生活的價值與優先順序。整理與美化居家空間的過程，讓人再三省思自身的價值觀與排序，我們因此對自己有了進一步的認識，也才能引導自己的人生前往更有意義的方向。讓空間重生，實際上是我們在學習如何與自己和諧相處，從而過著更加平靜的生活。

空間的井然有序，啟發了人的滿足與感激之情，經過整理的空間，喚醒了我們對每樣物品的感恩，讓我們懂得滿足於已經擁有的一切。唯有在好好整理過的家裡，我們才能更加鮮明地感受那些珍貴的回憶與經驗。整理過的家讓每個空間都可以充分發揮自己扮演的角色，使人感覺處處充滿活力。或許，這就是為什麼人生活在滿意的空間時，會感覺自信倍增與內心平靜吧！

第四章

人創造空間，空間塑造人

01

關於空間的哲學

「空間」是一個無限世界

我們生活的這個世界，充滿了無限的空間。無論是無邊際的宇宙、遼闊的大地，還是人類創造的巨型都市或房間的小角落，都屬於一種空間。空間，提供人類探險與開拓旅程的無限機會。

浩瀚無垠的宇宙蘊藏著難以預測的神祕，而天體與銀河的運行，數千年來更是一直激發著人類的好奇心。宇宙探險不僅開闊了我們的視野，也讓人們意識到自己生活在「地球」這個小行星的限制。從遙遠的外太空俯瞰的地球，只是一個小點。浩瀚的宇宙空間喚起人類的敬畏與謙遜，同時也激發無限的好奇心，打開探索之門。

「空間」對人類的情感面影響

一望無際的平原與雄偉的山脈，將大自然的壯麗美景呈現在我們眼前。大自然為我們展示了真實的一面，也表現出靜謐之美。風聲、流水聲、鳥鳴聲，無一不是聽覺的饗宴。這些源於大自然的聲音與面貌，除了為我們帶來平靜與和諧，也提供了探索與淨化心靈的機會。

城市，則是人類驚人的創作。建築與道路、人類的來來往往，形成了空間。城市也是文化與歷史、現代與傳統交匯之處；城市的街道與建築構建空間，而人們的活動與交流使空間充滿活力，充滿多樣性與創意性的城市空間，是促進文化與藝術蓬勃發展的地方。

因此，空間就是擁有無限可能性的藏寶箱，蘊藏著探險與開拓的旅程、創造與表現的機會，以及平靜與和諧的瞬間。人類在探索空間的同時，解讀宇宙的奧祕，感受大自然的美好，欣賞城市的多樣性。我們每一段珍貴時光都收藏在空間裡，並在其中發現生命的目標與意義。

無論在任何時間、任何情況，空間都扮演著重要角色，對我們的感受與情緒的影響尤其強烈。舒適、整齊的明亮空間雖能激發正面情緒，但當被凌亂的物品占據，變成採光不佳的昏暗空間時，同樣也會誘發負面情緒。

有些地方給人舒適與平靜，有些地方卻容易引起怨恨與焦慮。陷入悲傷情緒的人尋找帶來慰藉的空間，渴望分享喜悅的人尋找朝氣蓬勃的空間。事實上，心理學家也主張安全感與空間存在密切的關係，舒服與安全的空間能有效紓緩壓力，並為人帶來幸福感。這也是為什麼大家休假時總喜歡待在舒適的空間，因為想藉由好空間獲取療癒的力量。

空間的特殊之處，在於它會影響一個人的行為。就像一個家會反映出家庭成員的喜好與價值觀，扮演溫馨避風港的角色；辦公室之類的空間，則會對置身於其中工作的人的創意與想法發揮影響力；而休息室、用餐室、遊戲室等為求擺脫現

空間就像擁有無限可能性的藏寶箱。

foam
Report
COMESTIBLE
Do.Pé.
MADERA
LA DIFERENCIA

實生活的空間，就像孕育創意果實的沃土般，激發源源不絕的革新思維。有些藝術家、作家、設計師等，則會在居家或辦公室以外的空間尋找創造的靈感與激情。

著名的歷史人物同樣認知到空間的重要性，因此格外注重屬於自己的空間。貝多芬喜歡在安靜、平和的空間裡創作；畢卡索偏好在溫馨且有創意的空間裡作畫；至於愛因斯坦，則認為小辦公室無法施展創意思維，於是搬到更加寬敞的空間後，才得以自由發揮的想像力，奠定了他在物理學領域的成就。我們也可以說，空間是足以左右偉人成就與藝術性的重要因素。

此外，空間也是溝通與連結的場所。和家人、朋友、同事共享的空間，讓彼此有機會交流與建立情誼。我們會在特別的空間經歷特別的時刻，而這個地方也將深深烙印在記憶中；例如，我們會在進行特殊活動或重要決定時，刻意尋找有別於日常的空間。「空間」就像一幅畫布，承載了人生的多采多姿。

然而，空間並不只是單純的物理空間。我們生活的城市街道，或是造訪的博物館展間、網路的虛擬空間等，皆屬於空間多樣化的形式。我們所認識的空間可以是真實的、虛擬的也可以是被記錄下來的。空間涵蓋我們生活世界的所有層面，豐富了我們的生活體驗。

空間也是推動我們與外界連結的媒介，我們可以從地球上的某一處，自由移動到另一處。空間，讓文化與經驗得以共享，並藉此增進對彼此的了解，使每個人都有機會可以跨越地理的界線與語言的限制，體會多元的文化與人類的多樣性。

我們探索並創造空間，而空間又引領我們繼續追尋，我們的生活離不開空間，行為與情緒也會反映在自身所處的空間。空間的千變萬化使人著迷，而我們也正在透過空間，經歷一趟不斷發現、探索世界與自我的旅程。

一個充滿無限故事的地方

從我們出生那一刻起，便生活在稱為「空間」的無限世界；我們在想像的空間裡遇見未來的自己，在回憶的空間裡與掛念的人重逢。仰望著夜空中的星星、月亮，感受宇宙的浩瀚空間；當雙眼凝視地平線時，我們能感知一望無際的空間，任由無限的欲望與想像自由翱翔。

從極小單位的空間到遼闊的宇宙空間，我們在各式各樣的空間裡度過時光，並且累積經驗，探索空間的無限可能，以實現自己的願望與夢想。因此，**居家整理並不是一生只做一次的事，而是人生不同階段都不可或缺，且解決方式也必然會隨著時間推移出現變化。**

製造回憶、承載情感的空間

尤其像「家」這般重要的空間，說是一個人生活的基礎也不為過。不過，比起房子本身還有一層更深的意義，那就是家是一個「空間」。如果只看世俗的價值，就會被簡化成價格與地段、坪數等數字，但站在空間的角度，它就超越了單純由牆壁與天花板圍起的物理區域，並延伸成為分享當下與日常、交流情感的地方。有些空間可以激盪創意、啟發靈感，建立關係並解決問題。擁有空間的房子，猶如附著靈魂的軀體。

當我們發揮想像力，以空間的概念看待家並生活在其中，自然會對人生的意義形成更深刻的見解。如果能將家視為珍藏無盡故事與情感的所在，而不單是牆壁與天花板的結合，它也將展現新的可能性，重生成為超越日常限制的空間。

每天進出的家門，是象徵著新開始的門檻，只要跨出這一步，便打開了探索人生未知領域的空間之門。每打開一道房門，都代表著豐富情感與體驗的開始；**每個房間都像故事的一個章節，連結著用來講述生命故事的空間。**

客廳，是團聚的地方，每當一家人一起大笑、一起分享日常的點點滴滴時，總能感受到內心油然而生的暖意；大家從各自的空間移往客廳相聚的景象，就像原本分流的江河流向大海一樣。臥室，是自己專屬的小天地，讓人得以放鬆休息與做夢，靜靜閉上雙眼躺平，感受輕撫心靈的雙手，自然而然地進入夢鄉。至於浴室，則是淨化自我的空間，任由流水沖走不需要的東西，澈底洗滌過往的壓力與憂慮。

事實上，將家視為空間的概念，也會拓展一個人看待人生的視野，進而強化自我認同。世界各地的有錢人之所以對高樓層的房子情有獨鍾，為的就是確保視野的遼闊，因為他們考量的不只是停留的空間，也重視由此眺望出去的空間。基於對空間的考量而做出有意義的選擇，是有意識地讓自己好好過生活的第一步；開始懂得將周圍環境與空間列入考量，思考與計畫自己想過什麼生活時，我們才有辦法更清楚地認知與實踐自我的價值與目標。

我們打造的空間，空間創造出的我們

當我們在生活中不只是考慮到空間本身，也顧及空間所處的環境，以及從該空間能見到什麼樣的景象，就代表我們已經能從情感層面體驗更加完整與豐富的人生，而不僅限於物質層面。對空間的理解愈深，愈懂得如何珍惜環境與永續生活，隨著地球資源與能源有限的意識提升，我們也會開始基於對環境的考量做出選擇，追求永續發展。

就這層意義上來說，空間反映的是一個人對於成長與改變的態度。藉由空間反映出人生不同階段的樣貌，我們也能在改變與適應空間的過程中，更靈活地發展與成長。

人透過空間延伸與連結，空間透過人擁有獨一無二的意義。在某種意義上，空間是生活的背景，而我們卻能經由空間尋找與發現更高層次的意義。當身處於美好、莊嚴或恬靜的空間時，空間的深度會滲透到內心世界，成為我們理解與啟發自我的工具。

因此，空間與人之間存在著不可分割的關係，我們所創造的空間形塑了你我，構建了你我的情感與行為。養成經常整理自己生活空間的習慣，當與好空間和諧相處時，你每天都能體會到生活變得更精彩、更有價值。

房子是固定的，但空間可以創造。只要你願意，就算是再狹窄、髒亂的房子也能變得完全不一樣。重點不在於是公寓或獨棟透天、住商混合大樓，而是「我想生活在哪種空間」的想法。對於理想生活空間的思維，不僅是有意義的選擇與有目的的追求生活，也是發揮自我表達與創意、體驗完整而豐富的生活，同時更是實現尊重環境的永續生活方式，擁抱成長與改變。

當一個人被房子壓垮時，房子就成了一種限制，但當我們懂得創造空間，空間就會成為我們在世界上最好的後援。

02

唯有分享時才能顯現的東西

需要劃分空間的理由

每個人都有屬於自己的人生，孩子出生後，經歷青春期，長大成人的過程，其實也是走向獨立的歷程。有時看著原本必須依賴他人才有辦法生存的孩子，轉眼間就能靠著自己的雙腳站立、學習語言，甚至開始結交朋友、工作、為自己的人生負責，確實令人感到神奇。就像所有動物都會出於本能地想捍衛自己的領域一樣，人類也需要獨立的空間；那些渴望從經濟上、身體上、心理上脫離父母獨立的人，第一件想做的事就是創造「屬於自己的空間」。

當一個人在家裡的日子愈難熬，擁有自己的獨立空間也就變得愈重要。大家總說在心理上保持一定距離，是維持健康關係的關鍵，因此更加凸顯了劃分空間的重要性。無論是再相愛的關係，二十四小時都黏在一起也會令人感到不適，這不是因為厭倦對方，而是因為每個人都需要屬於自己的時間與空間。如果是育有子女的夫妻，也千萬不要忘記在適當的年紀劃分與孩子的生活空間。唯有脫離父母邁向獨立生活，孩子才能發揮想像力並確立主體性，同時也有助於減少孩子對父母的依賴，拓展屬於自己的生活領域。

劃分空間除了可以幫助心理獨立，也有利於提升工作效率。在家裡處理公事的同時，又不能忽略與家人共度的時光，於是在彼此履行不同角色的情況下造成壓力，甚至降低心理的穩定度。

不花大錢，也能劃分家中空間的技巧

然而，只要明確劃分空間，便能讓彼此專注於各自的角色。假如各位經歷過因Covid-19所實施的居家辦公（work from home）生活，勢必就會更切實體會到劃分空間的必要性。就像在餐桌或客廳一角擺張書桌處理公事一樣，界線不明確的空間不僅讓人無法專心，也很容易在途中抵擋不住想吸地或洗碗等家務的誘惑；這就是當職場與家庭生活兩個不同領域的事，在相同空間發生衝突而產生的問題。

我會建議需要在家處理公事的人，為自己準備書房，萬一沒有適合的獨立空間，也務必將家中某個固定區域用作工作空間；**即使是住在套房，也建議要劃分日常生活與工作的區域**。在家裡工作的人，到咖啡廳或圖書館工作，也是劃分空間的方式。

劃分生活與工作空間，有助於提高專注力，也能在休息空間充分紓壓，得到心靈上的平靜。因此，讓我們來看看幾項有效劃分空間的標準。

第一項：劃分空間機能（Functional Zoning）。根據空間的使用目的，劃分為共同生活空間、臥室、廚房、工作室、書房等，以利在不同空間進行特定活動。如此一來，不僅能大幅地降低互相干涉的情形，也確保在各個空間平靜地度過一段獨立的時間。

第二項：設定心理界線（Psychological Boundaries）。在各個空間之間設定物理上或視覺上的界線，為心理創造區分。可以善用家具配置、窗簾、設計元素等建立界線，這麼做可以使各個空間感覺獨立而不互相影響。

第三項：控制噪音與干擾（Noise and Disturbance Control）。盡量減少噪音與干擾，打造可以專注進行不同活動的環境。假如空間的距離較近且結構無法更動時，可以試著使用吸音的材料。

第四項：創造個人空間（Personal Retreat）。像是臥室、書房等，都是適合休息與充電的個人空間。這些空間的擺設固然是為了反映個人品味，但建議選擇兼具實用與舒適的家具為佳。

第五項：善用窗戶與燈光（Window and Lighting Utilization）。如果能利用自然採光並適當調節燈光，既可以達到劃分空間的效果，又能增加安全感。試著調整亮度、色調、溫度，營造適合不同活動的氛圍。

第六項：個性化設計（Personalized Interior）。對於開始擁有自己獨立房間的子女來說，父母過度干涉並強迫採用他們的喜好，並不是一件好事。試著讓孩子按照自己喜歡的風格設計，表達自身獨有的個性。建議多加利用反映個人品味的擺飾、藝術品，培養空間感。

第七項：建立整理與收納系統（Organization and Storage System）。準備適當的收納空間，有效整理與保存需要的物品。井然有序的空間，有助於維持內心的平靜，請多加利用兼具實用與喜好的各種創意。

建立一家人可以獨處、也可以共度的空間

秀智（化名）與閔燮（化名）夫妻，育有十三歲的兒子與十歲的女兒。他們家裡有三個房間，夫妻倆與女兒一起使用最大的房間，兒子則使用第二大的房間，剩下的那個房間則用作書房兼學習室。由於秀智打算辭職，改以自由業者的身分在家工作，因此需要一間工作室；而閔燮也希望家裡能有個運動的空間，女兒也需要屬於自

己的房間。我們根據家庭成員的願望與需求，討論該如何劃分空間並賦予各個空間目的後，終於找到解決方案。

最重要的是，為居家辦公的秀智打造工作空間；一般來說，如果是居家辦公的情況，明確劃分工作空間是很重要的。為了創造有辦法在工作期間維持效率與專注力的環境，建議劃分特定空間，並且只在該空間內工作。由於沒有多餘的房間，因此臥室或客廳就成為工作室的兩個候選名單。

客廳的優點是採光好、空間大，但也因為緊連著廚房，免不了會在工作期間被家務事分心。再加上，一家人晚上經常一起待在客廳，萬一有公事急著處理的話，便會產生空間劃分不明確的問題。

經過討論後，我們決定從臥室切割一個工作空間。首先，選定面對床的牆面作為工作空間。因為秀智主要使用筆電辦公，所以不需要太大的辦公桌。我們決定使用可以固定在牆面的折疊桌，並在床鋪與辦公桌間放置一個矮的展示櫃。在收納書、文具、文件的同時，又能發揮劃分空間的作用。

將一個空間劃分為不同目的使用時，確實可以依照個人品味與生活方式自由布置，但務必明確劃分空間。在臥室放張辦公桌與將臥室的一部分作為工作室，是截然不同的兩回事。另外，也可以適當利用書架、展示櫃、隔板或門簾來劃分空間。

至於敏燮想要的運動空間，我們則選擇利用緊鄰臥室的後陽台。原本用來洗衣、烘衣以及像倉庫般堆滿雜物的空間，終於在清除所有不需要的物品、鋪上一塊地墊後，成為擺放健身器材的空間。

坦白說，我並不建議在陽台擺放任何東西，一方面是會遮蔽視野，另一方面也考量到會阻礙開門通風的動線。假設是前陽台的話，我可能會有點遲疑，但後陽台的空間並不大，甚至可以說是沒有適當用途的死角，所以用來作為運動空間提高使用率，反而是件好事。在夫妻共用臥室的情況下，也能創造出同時滿足兩人的空間，我對此感到相當滿意。

本來用作書房兼學習室的空間，變成了女兒的房間；至於兒子房間的整理方式，則是改變物品配置讓收納變得更方便。整理孩子們的房間時，必須格外留意明確劃分休息與學習的區域。即使是再小的空間，房間的氛圍也會隨著床鋪與書桌的配置方式而有所不同。重要的是，讓孩子建立「劃分空間使用」的意識。只要在床邊鋪塊地毯，或稍微花點心思在書桌的燈光上，就能避免空間混在一起，或是約定好不要把衣服隨便丟在桌上或椅子上，也是不錯的方式。

客廳依然是一家人一起休息的共同空間，這點沒有太大變化，但我們使用小邊桌與展示櫃，在客廳一隅為熱愛紅酒的夫妻打造了居家酒吧（home bar）。對於時常邀請朋友到家中的他們來說，在客廳享受相處的時光會是最好的選擇。

掌握兩個區分標準：給個人或是全家共同

關於劃分空間的標準，大致可以分為兩個方向：個人空間與共同空間。個人空間，指的是擁有自己獨處的時間，並且可以放鬆心情的地方；只要學會個人空間的整理方法，自然就會更加愛惜這個空間。

假如是與家人們一起生活的人，不妨試著找找家中哪個地方適合打造成為自己從事閱讀或思考、運動、嗜好活動的專屬空間。善用被忽視的死角，便能讓它們重生為獨樹一格的個人空間。

至於共同空間，則是指一家人一起使用或共度時光的地方；像是客廳、廚房等。既然是共同使用的空間，難免就會容易弄亂。關於共同空間的整理方法，就是由所有家庭成員各自分擔一部分，彼此協商由誰負責哪些部分，並且訂定整理時間。盡量養成定期清潔，以及使用過的東西務必物歸原位的習慣。

適合居家整理的時機

居家整理不單是整理物品，而是關乎生活主體性與人生歷程的重要活動；如

只要在床邊鋪塊地毯，
就能避免空間混淆。

果期望居家整理對個人成長與改變有所幫助，就得根據人生的不同階段進行調整。何時才是適合居家整理的時機？有人說「起心動念就是最好的時機」，但要等到起心動念的話，恐怕一輩子都無法付諸行動。與其消極等待，不如積極創造時機，不必把整間房子翻過來，只要從小小的整理開始就好。

五種最適合整理的時機

第一種：換季整理。按照季節整理家裡使其煥然一新，不僅與大自然的變化和諧呼應，更能為生活注入新能量，是最實用也最簡單的整理。春季時，以整理物品並保持通風，為全新的開始做好準備；夏季時，營造輕鬆、充滿朝氣的氛圍；秋季時，針對不需要的物品進行斷捨離；冬季時，讓家裡瀰漫溫馨舒適的氣氛，享受內心的平靜。

第二種：迎新整理。像是邁入新年、即將展開新計畫時，都可以藉由居家整理與設定目標來重新調整心態。這種時候，尤其適合勇敢揮別不需要的東西，如此一來，也有助於提高執行新計畫的專注力。

第三種：遷移整理。搬家或長途旅行前，必然得要好好整理空間與物品。減少不需要的東西，並整理重要的物品，為的就是在新環境展開舒適的生活做足準備。

第四種：應變整理。在人生的不同階段，居家整理是種關鍵策略。無論是因為結婚或生育出現家庭成員數量的變化，或是子女長大後離家獨立生活、因應職場或就業情況的變動等，都需要重新調整與適應居家空間。這些變化，其實就是讓我們有機會去尋找如何有效利用、改造居家空間的方法。

第五種：內在整理。居家整理與我們的內在息息相關，心情複雜、難受時進行斷捨離，整理出不必要的物品，不僅可以降低壓力與混亂，也能讓情緒變得豁然開朗，感受心靈得到淨化。減少物品在物理上帶來的負擔，為房子找回喘息的空間後，心情就會變得平靜，專注力也會隨之提升。

◆◆◆

各位不必非得遵循上述的每種方法，只要依照個人的處境與喜好，時常檢視居家空間，並在必要時整理即可。這麼做不僅能減少不需要的物品，為新的開始創造空間，更重要的是在享受整理過程的同時，為精神上帶來的愉悅。居家整理時，試著對過往的回憶、從前的時光表達感激，也試著思考未來的目標與夢想，擬訂創造更美好環境的計畫。藉由整理，為物理環境與心理成長創造和諧。

依據人生歷程的居家整理

居家整理的時機雖會隨著各自的處境而有所改變，但如果將人生看作一段連續的時間軸，我會推薦在人生歷程出現變化時進行整理。人生是一連串的改變與成長，從出生、長大、成家立業到邁入老年，歷經不同階段。這樣的人生歷程，也會對居家空間的整理產生影響。生活的品質與品味，更是取決於如何依據人生歷程適當的整理生活空間。

空間的功能，要隨人生不同的階段而改變

「童年時期」是遊戲與探索的時期，充滿好奇心的孩子會在這段時間，探索世界並學習經驗。因此，家必須是能刺激創意卻又安全無比的空間。為孩子準備一個可以存放玩具與書、親手創作的繪畫或作品的空間，讓孩子可以輕易取得這些物品。

「青少年時期」是形成自我認同與追求獨立的時期，此時，居家整理有助於培養自我調節能力與責任感。準備學習與興趣需要的空間，尊重孩子的個人空間並協助他們專心啟發自我。

「成年時期」是踏入社會的第一步，就業後，靠自己的能力賺錢、建立人際關係，並且脫離父母獨立，組織屬於自己的家庭，經歷最繁忙也最複雜的挑戰後，逐漸成為一個成熟的大人。

即使是與父母同住，也建議在這個時期獨立管理自己的房間；一般來說，長大成人的子女會離家開始獨立生活或是結婚組織新家庭，因此，當子女獨立時，父母與子女的居家整理都會有很大的變化。愈是這種時候，養成創造與打理自我

空間的習慣就愈重要。善用個人空間與共同空間，使工作與家庭生活達成平衡，在顧慮其他家庭成員的同時，也能確保創造屬於自己的空間。

「老年時期」是充滿智慧並追求舒適生活的時期。當家裡因為子女離家獨立而多出了不少空間時，不妨將其重新打造為夫妻倆專用的空間。**果斷地拋開為了「不知道孩子什麼時候要回來？」而閒置空間的想法，把居家空間完全布置成為夫妻專屬的空間。**即便是沒有配偶的獨居生活，居家整理也該以自己為中心，如此一來，才能在舒適、安全的空間好好休息與享受回憶。盡量減少行囊，會是替人生劃下完美句號的絕佳選擇。

居家整理時，要配合不同階段的人生變化

依循人生歷程進行居家整理，創造符合不同階段的環境，讓人從童年時期到老年時期都能生活在和諧的空間裡。為子女的成長、職場生活、樂齡生活等，準備與打造需要的環境就是種樂事。居家整理，反映了我們生活的過程與變化。家，既然是人生的舞台與避風港，那麼只要在家庭成員改變時予以適當的整理，才能

感受到生活的精彩與融洽。

家庭是共同體，並不是某個特定的人獨有的財產。家，也是如此，它理應根據家庭成員及其成長週期的改變，細心照料每個家人的變化，讓所有人能夠展現獨有的性格。一家人共同生活在相同空間的過程，是鞏固彼此間的愛與關係的體驗；唯有善用空間，才能適當反映家庭成員的喜好與需求，培養孩子們的創造力與責任感。

所謂居家整理，其實整理的是自己的內在。凌亂、失序的空間，也會喚起內在的混亂與焦慮。然而，經過整理的居家空間，恰如抹去了內心世界不必要的憂慮，為自己的安身之處帶來平靜與和諧。光是見到所有物品都找到屬於自己的位置，所有空間都整理得有條不紊，便能讓人的情緒沉澱下來，也變得更容易專注。

當過往回憶或對未來的不安散落在家裡的四周，自然會擾亂內心的秩序，而井井有條的居家空間，卻讓人可以為當下全力衝刺。如此一來，便能在專屬於自己的世界裡，創造與自我融洽相處的機會。

03

專為人生下半場設計的特別整理

該留下的與該道別的

幾年前的冬天，我收到來自七十多歲獨居客戶的居家整理委託。一踏進美淑（化名）家，就能見到冬日的陽光透過小小的窗灑落在客廳，整個家猶如停止動作的時鐘般，十分靜謐。與這寂靜的氣氛形成反差的是，家中到處都堆滿了不用的物品。

「我現在覺得這個家看起來太複雜了。」

美淑的聲音，聽起來就像在說悄悄話一樣。她凝視著散落在四周的東西。

「我一直沒有時間整理，所以就這樣不停拖延下去，但現在好像是時候了。」

這個家曾經是孫子們蹦蹦跳跳的地方，但他們現在都已經是大人了。雖然美淑意識到兒孫們不再需要自己照顧時，感到些許落寞，不過，嘗試多去參加里民文化中心活動的她，也因此結交了不少朋友。更在那裡認識了很多像自己一樣獨自生活的人。

「如果老伴還在的話，說不定我會更早開始。」

美淑伸手指著放在小桌上的相框。她說，那是去年夏天，也就是丈夫過世前拍的照片。陽光與影子的融合，瀰漫著微妙的哀愁。

「我昨天把以前寫的日記和信件都拿出來看了一下。」

她的一字一句，讓所有回憶的片段都栩栩如生地呈現在眼前。再也忍不住淚水的美淑，哽咽了一陣子才終於冷靜下來，起身準備帶我參觀整個家。書房是她目光停留最久的地方，或許這也會是最難下手整理的地方。

「我老伴是很溫柔的人。我覺得，那是因為他讀了很多書。他一有空就手不離書，連我靠近了都完全沒發現。不過，只要我叫他，他就會立刻放下手裡的書，對我露出燦爛的笑容。這讓我覺得非常幸福。」

「您希望留下書房嗎？」

「不，老伴生前交代過，他過世後的第一件事，就是把書房處理掉。大概是擔心會成為我的負擔吧？他自己已經整理了很多才離開，剩下的就只有這些，我當然抱著不肯放手啊……但現在，是時候整理了。我怕會成為孩子們的負擔。」

美淑表示，她想留下十本自己想讀的書。她說：「就算將來自己行動不便，這樣的數量對孩子們來說也不會太難整理。」日記與信件則單獨存放在另一個箱子裡。雖然她想過扔掉這些東西，但孩子們勸阻了美淑，並表示他們希望能在父母離世後留作紀念。

整理書房時，每樣物品我都留了一樣下來，一張書桌、一個書櫃、一張椅子。歷史悠久的物品，光澤感特別明顯。簡單，卻有種樸實的美好。從今以後，這個空間就是美淑的書房了。她會在這裡抄寫喜歡的書中文句、為子女與孫子們寫生日卡片，以及透過 Zoom 參加線上讀書會。美淑慢條斯理地拿下一本本書，整理完成後，又在陽光的沐浴之下把書重新放回書櫃。

「這麼做了以後，真的感覺內心變得平靜。」

她微笑著說道。過去的回憶與現在的生活共存後，似乎也讓心情平靜了下來。整理衣櫃的衣服、更換輕便的廚房用具，這個家漸漸變成了更適合自己的空間。無論是臥室或書房、客廳、廚房、浴室，通通按照她的喜好重新整理。與丈夫感情和睦的美淑，一直飽受獨自留下來的失落與孤單。這個充滿與丈夫共度時光的空間，既是回憶也是痛苦。畢竟，無論她走到哪裡，都散落著丈夫的痕跡。直到丈夫離開一年後的現在，她才終於意識到該為自己的餘生著想。

就像丈夫對待自己一樣，美淑希望自己也能為子女與孫子們留下美好的回憶。無論孩子們何時回來，她都想讓他們見到這個家乾淨、整齊的模樣，為此，這個家必須是為自己量身打造的空間，而不再是為了別人存在的地方。

在整理的過程中，她重新細味從前的回憶，再次發現曾經珍惜的物品，內心也因此變得更加安穩。井然有序的空間，讓她明白自己的人生仍有價值，並懷抱生活能夠溫暖、舒適的夢想。即使上了年紀、即使人事已非，整理空間都是再次創造新開始與幸福故事的機會。

關於樂齡的居家整理，該怎麼做才好？

隨著平均壽命的增加與高齡化社會的到來，我們的社會面臨了許多變化與挑

樂齡的居家整理，是為了
準備全新的開始。

戰；正因銀髮世代的人數與日俱增，人們也愈來愈關注他們的生活方式。只要時間久了，任誰都會邁入老年。不過，每個人會度過什麼樣的晚年生活，卻存在極大的差異。

把自己擺回第一位的樂齡居家整理

其實，從整段人生歷程來看，老年時期是最精彩也最舒適的時光。年輕時，為了忙著照顧孩子，根本沒時間為自己而活，等到孩子都長大獨立後，才終於有了屬於自己的時間。如果懂得從新的觀點看待人生，這段時期才是重新整理居家空間，並真正享受生活的大好時機。

藉由美淑的故事，我更加強烈地體會到，「整理」對於準備與享受樂齡生活的重要性。回顧一路走來的人生，重新發現那些被推延的夢想、興趣，並且意識到可以創造空間實踐這些事，讓自己的樂齡生活過得更精彩。

年輕的時候，為了賺錢養家、照顧子女，只能別無選擇地投入忙碌的生活。在根本不夠用的時間裡，免不了一直略過所有關於「自己」的事，更遑論精心為自己準備一個空間。

然而，現在是時候將自己從人生課題解放，花更多時間專注於一直以來被擱置的內在價值與生命意義。或許一開始會覺得這段過程有些令人不知所措、尷尬，但隨著時間一久，自然就能在量身打造的空間裡，好好為自己設計新的生活，並與自己進行更深入的溝通。

因此，老年時期的居家整理，不單是物理上的過程，更是內在整理與重生的時間。尤其是在與另一半告別後、獨自一人生活時，難免就會陷入寂寞與憂鬱的情緒之中。這種時候，其實可以試著透過將自身所處的空間，重新改造為溫馨、方便的過程，迎來使人生煥然一新的關鍵轉捩點。

如果能夠藉由整理，好好回憶過去，而不是被從前的時光禁錮，好好尋找希望，而不是沉溺於無謂的迷茫，自然就會發現一直以來未曾覺察的自我，並且重新設定餘生的目標，找回對未來的期待。

正如美淑的故事，空間整理成為他們充滿生命力與有意義生活的一部分。即使上了年紀，我也希望各位能夠好好珍惜屬於自己的空間與時間，度過更精彩的樂齡時光，而不再只是專注於照顧孩子們。既然如此，關於樂齡生活的空間整理，具體上又該從何做起呢？或許個人喜好不盡相同，但可以把握幾項重要原則。

樂齡族的重要整理原則

第一，安全。這是此時最該優先考量的事，身體的靈敏度與機能可能因為老化降低，因而導致各種危險情況。未經整理的空間，除了造成活動與日常生活的不便，稍有不慎就會變成風險因素。因此在空間整理時，務必將「安全」視為安排動線與物品配置的首要考量。

家具的部分，也建議盡量挑選低矮的物件，並配置於安全的位置。建議把門檻拆掉，避免發生絆腳的情形，並在臥室、浴室設置扶手。另外，為了預防火災，務必養成正確使用家電的習慣，同時選擇不易翻覆的家具。讓長者能夠在晚年獨立生活，是這段時期居家整理的目標。

第二，便利性。哪怕是再簡單的日常生活，也可能面臨困難；因此，物品的配置建議要以方便取放與保存為優先，並且將廚房用品都更換成輕量的產品。同時，重點在於增加廚房與浴室等主要生活空間的使用效率，方便備餐、洗衣、洗澡等日常活動。

調整收納空間的高度，並增加把手的設計，盡可能減少生活的不便。雖然附滾輪的移動式產品很方便，但一不小心就會造成跌倒的意外，因此在優先考量機能性的同時，也千萬記得仔細評估這些物品的安全性。

第三，清潔。乾淨、整潔的空間能有效防止細菌滋生，同時也有助於維持身體健康。平靜、舒適的空間，不僅能減輕壓力，更能帶來情緒的穩定。為了保持通風，請不要將物品堆在窗邊並時常敞開窗戶。假如獨力打掃有困難，不妨考慮使用智慧型掃地機或尋求外部協助。

第四，溝通。經過整理的空間，有助於老人家更加順利地進行社交生活與溝通。將緊急聯絡資訊貼在冰箱門等顯眼處，一來是方便隨時求助，二來也讓人可以更放心地享受與朋友、家人、鄰居相處的時光。

年紀愈大，孤獨與孤立感也會愈強烈，尤其是在行動不便時，甚至還會出現憂鬱症的徵狀。因此，更應該創造能促進與親朋好友、左鄰右舍交流與溝通的空間，避免社交孤立的情形。多加利用公共空間或戶外空間，創造享受聚會或活動的機會，並準備好可以隨時與定期交流的人見面或進行社交活動的環境。

第五，自尊感與成就感。老人家跟年輕人一樣重視自尊感與成就感，整理與布置空間的過程，正是適合發揮自身能力並藉此獲得成就感的大好機會。此外，有效打理自己的空間也能提升自尊感，感受樂齡生活的多采多姿。

關於樂齡生活的空間整理，必須將心理、物理等多層面的問題列入考量。井然有序的空間，對於樂齡族的獨立生活與維持生活品質也有所幫助。為自己打造一個可以享受健康美食、陽光與新鮮空氣的環境吧！

專爲樂齡生活設計的物品整理法

完成空間的整體規劃後，讓我們來看看選擇與整理物品的具體方法。

1. 選擇舒服的家具與單品。盡量選擇可以舒服坐臥的家具。購買時，務必確認該款椅子或床的設計，不會對肌肉與關節造成壓力。選擇簡單又實用的設計，而不是華麗的家具或物品；選擇操作簡易的產品，而不是功能多又複雜的產品。至於抽屜或層架，建議選擇附把手、扣環的產品，盡量減少使用的難度。

2. 考量方便性與能見度。根據使用頻率或功能分門別類，盡量將物品置於容易拿取，以及方便掌握東西放在哪裡的位置。將使用頻率最高的物品擺在最顯眼的地方，不常用的物品則收納在後方或箱內，避免不必要的混亂。記得要將手機、遙控器、保健食品、眼鏡、助聽器、枴杖等必需品擺放在身邊。

3. 保持家中物品的整齊，避免發生跌倒、滑倒等對安全造成威脅的情況。只留下必要的物品，丟掉無用的東西。建議在較低的位置預留充足的收納空間，避免發生將重物置於高處帶來的不便。

4. 確保家中動線的暢通。避免凌亂的物品阻礙日常生活的動線。由於經常發生老人家被散落在四周的藥瓶絆倒的意外，請將每天需要的物品擺放於安全的位置。明亮的空間比昏暗的空間更容易找到東西，建議可以使用易辨性高的大字標籤與明亮的燈光。

5.不要隨便貶低情感價值。對於老人家來說，過往的回憶是極為珍貴的人生片段。妥善保管蘊藏回憶的物品，並勇敢斷捨離不需要的物品。

◆◆◆

機能性與便利性是為樂齡生活整理物品的關鍵，當體力與記憶力隨著年紀的增長而下降後，正是需要好好整理物品的時機，讓自己的日常生活變得更加簡便、安全。對樂齡族來說，現在雖然已經少了年輕時期的活力與青春能量，卻反而擁有一種獨特的生命力。樂齡族是靈魂充滿生命智慧與經驗的長者，他們生活的空間也該得到應有的尊重。

04

空間蘊藏的智慧與貼心

如何讓家裡變成有意義的空間

當我們提到整理時，第一個想到的就是「空間」，但千萬不能在打造優質空間的同時，忽略了「時間」。

隨著時間累積的空間回憶

如同前文所強調的，為了心理獨立而劃分空間，並不是單純地分隔空間而已，因為空間的獨立性與時間的獨立性息息相關。進入青春期的孩子們，會強烈地渴望自己專屬的房間。在獨立的空間裡，擁有只屬於自己的時間，逐漸形成自我的主體性。擁有獨立的房間，並不一定等於可以度過幸福的時光，它可能是美好的回憶，也可能是甚至不願想起的過往，這一切皆取決於我們在那個空間度過什麼樣的時光。

在家中度過的時光也是如此。與家人相處的空間，究竟是真正可以撫慰心靈的「我們家」，還是根本不想回去的「爛地方」，關鍵在於如何與家人共度時間。時間與空間存在密不可分的關聯性，空間與時間融洽的家，猶如美好、和諧的樂曲，能在井然有序的家裡感受時間的旋律，因內心得到平靜而展露笑容。家，是為人生創造有意義時間的空間；人的一生之中，超過一半的時間都是在家度過的，無論花在學校、職場的時間再多，在家度過的時間（包含睡覺時間在內）一定多更多。

從這個層面來看，「家」這個空間發揮著舉足輕重的影響力。就像父母採取一貫的教養方式能給孩子正確的教育般，整齊、溫馨的空間，也能為家庭成員帶來心靈慰藉與安全感。無論外面的世界多難熬，只要回到家裡，這裡就是可以讓人卸下武裝、脫掉社交面具，重新做回自己的唯一空間。在家裡點點滴滴累積的美好回憶，終將在心底扎根，即使將來面對其他的新空間，也能在創造自己專屬的空間時有所依歸。

人生的意義與精彩，有時是源於那些瑣碎的片段。而這些片段，或許就能在與家人共度的時光裡找到。家，既然是讓我們有機會體驗這些有意義時刻的地方，當然少不了家人們將各自扮演的角色發揮得淋漓盡致。唯有透過家人們為彼此盡心盡力的付出，家才得以成為豐富更多人生有意義時刻的空間。既然如此，又有哪些方法可以讓我們的家充滿有意義的時刻呢？

為彼此打造正向的空間回憶

第一，家人間經常溝通。交談頻率愈高的家庭，往往愈懂得尊重彼此的想法與情緒，共感與理解能力也愈強。共同分享快樂與悲傷，建立深刻的親密感，強化一家人的凝聚力。請記得，即使只是一句簡單的關心與溫暖的話語，都足以讓某個人的日常變得更加特別。

第二，發揮互相支持與照顧的作用。在快樂的時刻分享喜悅，在艱難的時刻給予撫慰。家人間的支持與鼓勵，不僅讓家變成溫暖、安全的空間，更讓從中經歷的體驗變得更加豐富、有意義。懷抱感恩的心，讚賞與鼓勵彼此吧！正面的回饋與鼓舞，都是培養自信與維持家庭氣氛正向的關鍵。

第三，尋找適合家人一起做的活動。明明是最親近的關係，但我們與家人相處的時間卻意外地少。人與人之間不會只因為是家人，便無緣無故產生親密感，經常面對面相處也很重要，無論是一起玩遊戲或料理等任何小事都可以。一同慶祝家庭的特別紀念日或家族旅行，也是強化家人間連結的好方法。

最後，保持尊重與同理的態度。與其他人際關係不同的是，家人關係有許多共同點，所以很容易忘記彼此也有各自不同的需求。當發生衝突、意見相左時，強求某位成員單方面的犧牲更是一大禁忌。尊重每個家庭成員都是獨立個體，不應因為是親近的家人而隨意宣洩情緒，或是忽略理應表達的感謝與歉意。唯有互相表達愛意，保持禮貌友善地對待彼此，家才會真正成為充滿愛與尊重的空間。

家，並不只是由牆壁與天花板組成的水泥箱，更不是只為了回去睡覺的地方。家，是安放我們感情與回憶的心靈避風港；擺放在家中的每樣物品，都蘊藏著我們的故事，而在家所度過的時光，也將成為人生最美好的點綴。

在家裡度過的美好時光是一份禮物，從朝陽的溫暖到晚霞的溫柔，每個瞬間都成為珍貴的回憶。家能讓我們舒適的休息，而置身其中的時光更是宛如一段美妙的樂音。對我們來說，家是一個特別的地方，當家庭成員都能履行各自的角色，並藉由溝通互相給予支持時，家才會成為豐富更多人生有意義時刻的空間。

◆ ◆ ◆

好空間能使孩子的內心變強大

將居家空間打造成為可以體驗美好時光的地方，對於心理層面也有所助益。

據說，在家裡度過舒適、愉快時間的孩子，心理上也會比較健康。這其中存在著各種因素相互作用所產生的影響，因此很難用單一原因概括解釋這一切。

建立自信和自尊、並感到安心的地方

對孩子來說，家是安全感與自信心的來源。在熟悉的環境度過舒適的時光並從事日常活動，能夠促進孩子的心理穩定；此時，最重要的是與家人間的親密感。家庭，是社會共同體的最小單位，我們在與家人相處的過程中，學習溝通與調節情緒的方法。協力處理日常事務的機會愈多，也愈有助於提升孩子的社交技巧與情商。

孩子可以在家裡選擇並鑽研自己熱愛的興趣與活動，這樣的自主性能激發孩子的創造力，成為他們自主學習與自我開發的啟蒙。此外，在家裡度過放鬆的時光，讓孩子遠離來自學校、社會的壓力，給予他們休息與充電的機會。依照喜好布置自己專屬空間的行為，有助於提升自尊感與自信。透過這些在家中度過的時間，培養孩子的自信，使其內在獲得成長，進而形成正面的自我形象。

人的行為、心理狀態，與周圍環境存在密不可分的關係。環境的改變影響孩子的情緒與認知，而他們的行為也會因此出現變化。舉例來說，在大自然中度過輕鬆的時光時，我們的情緒會變得正面；但當人在充滿噪音與粗言穢語的環境時，自然就會容易變得畏縮、憤怒，並且陷入負面思考。「對寶貝孩子來說，我們家現在是一個舒適的地方嗎？」這是值得好好思考的問題。

孩子們在家裡與其他人建立關係，藉此探索自我主體性並尋找社交意義。這些關係的複雜性，與互相尊重、同理的態度有關，同時也對提高社會倫理意識有很大的影響。

家對孩子來說相當重要，因為這是他們與替自己建立並完善人格基礎的父母，共度美好時光的地方，這能讓孩子感受正面情緒，並為他們帶來心理上的穩定。與父母正常交流情緒與對話，有助於孩子們在進入學校、社會後，自然地與他人打成一片，並為自己找到立足之地。

讓孩子在未來成為很棒的大人

此外，家也是孩子們成長與啟發自我的空間。無論是自由閱讀或埋首於藝術活動，都是發現內在新世界的途徑。透過居家空間，能使孩子認知自己是被愛的存在，並且夢想未來的無限可能。從這些層面來看，在家度過的許多美好時光，將成為奠定孩子心理健康的基礎。更重要的是，父母扮演的角色、與孩子保持良好的互動，都能成為他們在各個領域大展身手的後盾。

人生是一個不斷延續的旅程，而這趟旅程中的一段路就在我們最熟悉的家裡展開。家，不僅是讓我們能舒服休息的空間，更是充滿與家人們共度時光的地方。如果希望家能成為度過人生有意義時間的地方，彼此的努力不可或缺。為人父母者，一定都希望自己的孩子能夠過得幸福，而家，就是這份幸福的根源。

哲學家海德格（Martin Heidegger）認為，人的存在是透過與環境不斷互動中形成的，空間伴隨著我們的意識、也影響人的存在。孩子們在這個「家」的小世界，為將來踏入更遼闊的世界做好準備，一個人在家感受到愈多家庭溫暖，自然就能愈相信這個世界，也愈有希望與勇氣。對孩子來說，家既是他們人生中第

人生是一個不斷延續的旅程，而其中的一段路就是在家裡展開的。

Les Luthiers ¡CHIST!
MAESTROS DE LA FOTOGRAFÍA

一個體驗的空間，也是冒險的場所、開放的舞台，在這裡，他們可以拓展世界，發掘自己的潛力。

在家度過愈多美好時光，孩子閃閃發亮的人生也會變得愈豐富、愈有意義，在這個空間的經歷，將會成為引導孩子邁向浩瀚世界的指南針。讓我們為孩子的人生添加翅膀，將這個空間成為他們可以隨時展翅飛翔出去闖蕩，也可以隨時回來安心休息的家。

05

整理對人生的影響

爲了無憂無慮的生活

人生瞬息萬變，在從未停止流逝的時間洪流裡，我們累積了無數的經歷與回憶。然而，一旦經歷與回憶沒有整理起來，很容易就會隨著時間被遺忘或變得混亂。當思緒複雜時，我會選擇起身整理家裡的東西，因為整理物品的過程往往也能釐清腦中的想法。思緒一清晰，整理物品也會變得更加順利，進而形成良性循環，讓生活變得更有效率，大大幫助我們成長與發展。

既然整理有益於生活，那麼最適合整理的時機，當然就是活著的時候。聽到這裡，一定有人會反駁：「整理當然是活著的時候做啊，哪有人死了才做？」不過，沒有將自己生前堆積的物品整理好就離世的人，也不少喔！

整理，幫助你專注活在當下

「是否已經把家裡整理到就算現在死了也無所謂的程度？」

面對這個問題，有多少人可以爽快地回答「是，當然！」連專職整理的我，也沒辦法給出這麼肯定的答案。儘管如此，我依然時常將這件事銘記於心——趁活著的時候，好好整理自己的行囊。就像我不樂意勉強接收他人超重的負擔一樣，即使對方是我的家人，我也不願意為他人帶來任何麻煩。

有句話說：「生有序，死無常。」我有個朋友曾說，每當他遭遇困境時，總會想起「勿忘人終須一死（Memento Mori）」這句拉丁格言。坦白說，起初聽到這句話時，我浮現的第一個想法是：「當下已經痛苦得要死了，怎麼可能想得起什麼格言？想必你還活得很好吧？不然，人都快喘不過氣了，哪還有時間想起什麼？」

然而，當我從旁靜觀這名朋友的一生時，他確實秉持著「痛苦的事，總有一天會過去；幸福的事，當下就要盡情享受」的態度在過生活。每次見到他時，我都會覺得心情很平靜，原本揮之不去的煩惱也顯得微不足道。實在好奇他如何施展這種「魔法」的我，不經意地問了一句：

「你怎麼有辦法像這樣過日子？」

「真的多虧了整理。我總是把整理放在生活中的優先順序中，不會把不需要的東西擺在家裡，因此也不會讓負面想法停留在腦海裡太久。就像人生在世難免會累積各種東西一樣，有時我會出現不好的想法。這時，我就會問自己『真的有必要嗎？對我來說，有這麼重要嗎？』答案自然就會出現。

就算一時被某個東西吸引了，但只要想到它會破壞原本舒適生活的空間，我就會果斷放手。一開始確實很難，但整理也是種過程和訓練，重複愈多次就愈熟練。幸好我的人生遇見了整理，日子才能過得這麼輕鬆。」

這是連身為整理專家的我聽到都要忍不住讚嘆的答案，尤其是聽到「輕鬆」這個詞的瞬間，最令我印象深刻。清除雜物、不買不必要的物品、定時整理的人生，或許就是「輕鬆的人生」吧？

不被物品控制的美好人生

有些人抱著積滿灰塵、過期的物品過生活；有些人則是斷捨離不必要的物品，僅用珍貴、有意義的東西妝點空間，過著身心都輕鬆的日子。輕鬆的人生，是簡約與平衡的藝術。在悠閒的空間裡覺察平靜與創意，並開拓嶄新的道路，再也不要伺候物品，汲汲營營地追逐。

唯有過著輕鬆的人生，才有辦法發現生活中璀璨的美好。當每天都能感受內在的平靜，擺脫不需要的物品與失序的混亂時，自然就能聽見生命的低語與沉靜的呼吸聲。不再匆匆忙忙的我們，終於可以悠然散步、輕鬆對話，更頻繁地看見被許多珍貴瞬間所浸染的日常光景。隨著生命的深度與廣度不停擴展，我們明白了清靜才是更豐富的道理。

試著想一想，一個只擺放著適合自己且必要物品的空間，在舒適、安心的空間裡生活的模樣。如同遍布寂寥夜空的淡淡星光般，人生的時光靜靜閃耀著，心靈也隨之沉澱。一朵小花的香氣、伴隨茶香的閱讀時光、漫步在清新的空氣之中，這一切逐漸形塑成生命的模樣，就像按部就班的修煉般，讓人學會如何發現內在的美好。當我們決心擺脫由物品掌控主導權的家，並在開始採取行動後，便能成為這個創意空間真正的主人，過著輕鬆的人生。

當整理成爲日常的一部分之後

將空間整理列為人生優先任務時，會發生什麼變化？以下是我的真實體驗：

1. 開始變得重視空間。這是最明顯的變化，因為整理與減少不必要的物品，不僅可以減輕物理上的負擔，也能創造更整潔、協調的空間。

2. 改善時間管理。整理物品並且釋放空間後，隨時都能找到需要的物品。當生活節奏得到更有效率的管理，自然就能大幅減少浪費時間的行為。時間的從容，帶來情緒的穩定，唯有擺脫失序、混亂的環境，才能更加強烈地感受內心的平靜。

3. 提升創意與效率。乾淨、有條理的環境，有助於促進創造力與生產力，這已是眾所皆知的事。如此一來，便能專注在更重要的價值與目標，分辨哪些是需要與重要的事，著重於有意義的活動與人際關係上。

藉由整理感受空間變化後，會激發全新的能量與熱情，此外，這也將成為嘗試其他事物的強大動力。從這個角度來看，整理與照顧空間可以視為體現自我成長的重要因素。

家的整理，也是人生的整理

有個案例可以證實這些事是真的有可能發生的，這是關於泰仁（化名）的故事。以前的他總是很忙，隨著不停被繁忙工作追著跑，家裡的東西也開始愈積愈多。每次好不容易才擠出時間整理家裡時，經常又會因為臨時的工作而一直推延下去。結果，他的家就這樣變得亂七八糟，到處堆滿雜物，彷彿隨時都會崩塌。

有天，他下定決心不再放任自己處於這種狀態，決定把所有物品逐一拿出來，一口氣丟掉不再需要的東西，結果又突然有重要工作來干擾他了。但這次他不打算放棄，努力擠出時間，開始一一整理每個空間。

向來都是獨自整理的他，卻在幾年後萌生想正式接受空間諮商協助的念頭。面對搬進新空間的機會來臨時，泰仁便知道是時候讓自己生活升級了。雖然空間諮商的價格超出預算，但他依然決定大膽投資自己。

在收拾行李準備搬家的過程中，他感受到前所未有的幸福。在回憶過往的同時，又能重新感受整理帶來的愉悅，伸手輕撫那些反映自己性格與喜好的物品時，他都會覺得心情很好。泰仁希望將新空間打造成比現在更適合自己的地方。

雖然泰仁的新家是個小房子，但坪數不再是問題。他在房間角落為自己預留了一個小空間，可以在這裡盡情看書、埋首喜歡做的事；小書櫃上，擺著各種領域的書，而書桌上放了一個插著鮮花的小花瓶。至於牆上，則掛滿了他喜歡的照片，光是看著這個小空間，都令人感覺心滿意足。

泰仁十分享受暫時閉上雙眼，任由時間流逝的感覺，他還在床邊放了印有一句格言的相框，那是用來撫慰、鼓舞自己的話語。

舒適的沙發與光線柔和的燈具擺放在客廳，整潔的廚房，成為可以隨時享受美食的空間，香氛蠟燭的光線與甜美香氣，為整個廚房增添了溫暖的色彩；親手煮壺咖啡、做做料理，偶爾邀請朋友來玩。

現在的泰仁，終於能在自己專屬的空間裡享受自由與充滿創意的時光；只要踏進他的空間，任何人都能知道他是個什麼樣的人——他懂得如何真心熱愛與享受生活。泰仁的空間，正是由他親手創造的幸福。

讓生活邁向另一種層次的力量

人類自古以來就需要居住與生活的空間，這項需求已經超越了單純的生存欲望，並擴展至渴望富足與自我認同的本能。空間，不只是物理上的舒適感，若是作為「自己專屬世界」的空間，它除了具有發現身分認同、啟發潛能與開拓領域的意義，更是理解自己與他人的場所。

要意識到，行為和情緒會受到空間的影響

空間與人在緊密的關係中互相影響，共同成長與改變；人創造空間，空間塑造人，就像無限循環的流動。我們創造環境與空間，像是住家、辦公室、城市等空間的形成，都是源於人的意圖與創意。接著，結合設計、結構、機能等，打造符合人們理想的目標與舒適的空間。

周圍環境與空間，不僅影響我們的行為並指引方向，也會決定我們的情緒與心

空間，是最能表現
自我的方式。

境。從心理學的角度來說，我們所處的環境會影響情緒與行為，有時會覺得周圍的空間像是特意設計來影響我們的心情，這是因為空間與我們心理狀態相互連結。

空間對於文化與身分認同，也扮演著舉足輕重的角色。特定地區的建築樣式、空間用途、擺設選擇等，都反映出個人與群體的文化、價值與身分認同。透過這些角色與作用，空間形成了與人之間的互動經驗。一個家的結構可以協助或阻礙家庭成員溝通，一個城市的道路與公園，則是人們見面與活動的地方。

讓「整理」成為引導自我的方法

在世上的無數空間之中，「家」這個空間格外特殊而珍貴。家中的每個小空間都蘊含獨特的意義，填滿了我們的日常，形塑了我們的思維與情感。雖然只是一個小小的空間，卻是展現我們內在的窗口，自由發揮想法與創意的天地，更是人生的舞台與生命故事的背景。

家，是所有旅程的起點與終點，哪怕出門在外的一天過得再忙碌，只要回到家，這裡就是可以好好休息與充電備戰明天的舒適空間。我們在家享受日常，度過珍貴的時光。家，既是唯一可以讓我們盡情做自己的避風港，也是能讓我們感受完整自我的安樂窩。在家度過的珍貴時光與體驗，不該被擠到優先任務之外，因為這裡是能照亮人生的道路並使其變得更加美好的地方。

家，是人生中最舒適也最原始的休息空間，因此，居家整理等同於創造一個全新的空間。這件事指的不僅是物理空間，更代表著精神層面的新開始，使我們的生活環境變得更加豐富、有意義。重新整理空間的過程也促進了創意思維，讓人得以積極、獨立地生活。

在家裡，我們終於恢復真實的自我，感受心靈的平靜，培養社會性並確立自我認同。養成經常照顧與整理居家空間的習慣，便能引導人生朝著更好的方向邁進，井然有序的空間促使身心協調，對生活的各個層面都能發揮正面影響力。

居家整理賦予生活全新的開始與能量，並提升創造力與專注力，奠定持續追求目標與自我發展的基礎。當我們意識到居家整理是能讓人生變得更美好的習慣後，就能獲得讓生活邁向不同層次的絕佳機會。

家，是安放我們感情與回憶的心靈避風港。擺放在家中的每樣物品都蘊藏著我們的故事，而在這個空間度過的時光，也將成為人生最美好的點綴。

富能量 119

帶來好運的家

有錢人的家都這樣整理！幫超過 10,000 人重整生活的空間規劃術，當家成為喜歡的樣子，人生就會是理想的樣子

作　　者：鄭熙淑
譯　　者：王品涵
責任編輯：賴秉薇
文字協力：楊心怡 I Amber_Editor_Studio
封面排版：許晉維
內文排版：王氏研創藝術有限公司

總 編 輯：林麗文
主　　編：高佩琳、賴秉薇、蕭歆儀、林宥彤
執行編輯：林靜莉
行銷總監：祝子慧
行銷經理：林彥伶

出　　版：幸福文化／遠足文化事業股份有限公司
地　　址：231 新北市新店區民權路 108-3 號 8 樓
粉 絲 團：https://www.facebook.com/happinessbookrep/
電　　話：（02）2218-1417
傳　　真：（02）2218-8057

發　　行：遠足文化事業股份有限公司（讀書共和國出版集團）
地　　址：231 新北市新店區民權路 108-2 號 9 樓
電　　話：（02）2218-1417
傳　　真：（02）2218-8057
電　　郵：service@bookrep.com.tw
郵撥帳號：19504465
客服電話：0800-221-029
網　　址：www.bookrep.com.tw
法律顧問：華洋法律事務所蘇文生律師
印　　製：凱林彩印股份有限公司
電　　話：(02)2974-5797

初版 1 刷：2024 年 11 月　　初版 2 刷：2025 年 1 月
定　　價：400 元

國家圖書館出版品預行編目 (CIP) 資料

帶來好運的家：有錢人的家都這樣整理！幫超過 10,000 人重整生活的空間規劃術，當家成為喜歡的樣子，人生就會是理想的樣子 / 鄭熙淑著 ; 王品涵譯 . -- 初版 . -- 新北市 : 幸福文化出版 : 遠足文化事業股份有限公司發行 , 2024.11
面；　公分
ISBN 978-626-7532-43-0(平裝)

1.CST: 家庭佈置 2.CST: 空間設計
3.CST: 環境規劃

422.5　　113015542
